幽默感

成为一个有魅力的人

金铁 编著

中华工商联合出版社

前言

　　幽默就像一座桥梁拉近了人与人之间的距离，使心灵变得更亲近。幽默不仅能体现出一个人深厚的文化素养和丰富的文化内涵，还能折射出一个人的美好心灵。一个有魅力的人能不赢得别人的喜欢吗？事实证明，幽默具有使人愉悦的神奇功效，在任何场合，拥有幽默感的人总会赢得他人的好感，获得众多的支持和理解。

　　幽默是社交的法宝，更是生活的艺术。它不等同于滑稽与搞笑的做作，表现的是一种纯粹的生活态度。幽默可以让你戴着快乐的眼镜去看世界的发展与变化，在平凡中挖掘笑的艺术价值。幽默就像一根闪着金光的魔杖，授予每一个希望减轻自己人生重担的人一种快乐的生存智慧。一个具有出众口才、风趣幽默的人，在哪儿都是人们关注的焦点。无论是谈判交易，或者是茶余饭后的谈吐之间，都会让人刮目相看。

　　在人际交往中，我们总希望自己能够和别人和睦相处，成为大家瞩目的焦点，受到许多人的欢迎。因此，我们总是努力让自己表现出最好的形象。要想有效地表现自我，最重要的捷径就是表现出自己的幽默。

　　幽默能够消除内心的紧张，树立健康乐观的个人形象，促进人际关系。幽默能够化解尴尬，影响别人的思想和态度，从而掌控局面。更重要的是，幽默不仅可以给自己带来好人缘，还可以给自己带来好心情、好运气。

幽默的人最有人情味，与幽默的人相处，每个人都会感到快乐，谁都希望同有幽默的人打交道。幽默的人具有宽容、自信、豁达、乐观的心态，它使生活充满乐趣、充满生机。具有这种品质的人能够正视现实，笑对人生。

《幽默感：成为一个有魅力的人》汇集了幽默的精华，全方位地向读者阐释了幽默的人生智慧，以及如何掌握幽默的技巧，成为一个有魅力的人。幽默的口才是一个人走向成功的捷径，幽默能够让你成为一个不怕困难，能把困难"笑倒"的人，让你成为人生旅途中笑到最后的人。

目录

| Part1 | 幽默的人生，精彩的智慧

1 　幽默是一种智慧力量

4 　幽默是一种生活态度

6 　真正幽默的情状表现

8 　幽默的本质是以笑的方式打动人

| Part2 | 即兴幽默——急中生智，瞬间打动他人

11　一见如故——与陌生人幽默相交

13　临时发挥——化忌为喜的幽默

14　将错就错——顺理成章中显智慧

16　打破冷场——幽默逗你喜笑颜开

18　兵来将挡——机智幽默应对奚落

20　以静制动——从容应对指责嘲笑

22　即兴聊天——幽默捧场，愉悦情怀

| Part3 | 处世幽默——柔以避祸，笑以挡灾

25　用幽默钝化他人攻击
27　幽默语言助你轻松交流
31　"顾左右而言他"的幽默
34　触及他人痛处时的转机
36　遭遇尴尬时故说痴话
37　寓理于事，不言自明
39　艰涩问题，避实就虚
41　讽刺幽默，机智防卫
43　用模糊语言婉转作答

| Part4 | 社交幽默——进退自如，笑出影响力

45　初次见面：用幽默加深第一印象
47　不妨先说几句题外话
48　深化记忆：幽默地说出自己的名字
51　含蓄说话：幽默胜过千呼万唤
53　淡化冲突：用幽默融化交际之冰
55　淡定一笑：面对嘲笑，多一点雅量

58　生日致辞，幽默来贺

| Part5 |　**沟通幽默——寓庄于谐，更易成功**

61　善用微笑为幽默的气场加分

62　幽默道歉，谅解会不请自来

64　活学活用的灵性让情感升级

67　顺势而语，幽默表达巧做事

68　直意曲说，圆融幽默易成事

71　以幽默为武器，变意外为常态

73　让脑子转个弯儿来补救失言

76　幽默做事情，保全他人面子

77　幽默沟通中的间接批评方法

79　丢了面子时，学会幽默挽回

| Part6 |　**说服幽默——把幽默的话说到心坎上**

81　欲擒故纵，幽默地说服他人

83　旁敲侧击，说服可以不走直线

85　幽默引导，让对方说"是"

87　以谬制谬，反话正说有深度
90　巧抓心理，趣味销售要独特
93　幽默有度，成功推销的宝典
95　另辟蹊径，小幽默有大智慧

| Part7 |　**职场幽默——愉快工作，活跃氛围**

97　职场矛盾，幽默化解
101　职位变动，幽默视之
103　方圆幽默，巧妙制胜
105　避免与同事"交火"

| Part8 |　**演讲幽默——放大气场，折服听众**

109　提前准备幽默素材
112　用情感彰显感染力
113　选准一个幽默主题
115　巧用肢体语言
117　幽默演讲需要互动
118　幽默结尾让人回味

| Part9 | 辩论幽默——唇枪舌剑中的缓冲器

- 121 巧用俗语，谐趣论辩
- 123 引申归谬，不攻自破
- 126 出其不意，弦外有音
- 128 找出矛盾，幽默出击
- 129 偷换概念，巧妙取胜
- 130 妙用谐音，机智论辩
- 131 以子之矛，攻子之盾

| Part10 | 赞美幽默——情感投资有笑道

- 135 理解赞美，做到真正幽默
- 138 面对女人，男人这样赞美
- 140 适时赞美，解怨气的良药
- 141 适度称赞，沟通的催化剂
- 143 出乎意料，让人喜出望外
- 145 相互赞美，让办事更容易

| Part11 | 拒绝幽默——在诙谐中保全你我情面

149 巧言妙语，拒绝之中有智慧
151 诙谐言语，婉言拒绝
153 逻辑引导，巧踢回传球
155 借助暗示，善于说不
156 婉转拒绝，优化社交
158 巧妙拒绝，让对方知难而退
160 遭到拒绝，也不要丢了风度

| Part12 | 恋爱幽默——幽默是恋爱的必杀技

163 接近异性，幽默是许可证
165 自然幽默，滋生爱情火花
167 别样幽默，尽显人情魅力
169 幽默沟通，增强恋爱好感
172 爱有阴晴，幽默是和事佬

| Part13 |　婚姻幽默——笑到白头，婚姻长青

175　巧设"圈套"，达到目的
177　夫妻争吵，需要适度幽默
178　幽默自嘲，拨动伴侣心弦
181　别出新意，爱到难舍难分
183　中和醋意，幽默是秘密武器
186　笑出甜蜜，幽默赢得幸福
189　幽默贤妻，让婚姻长久温馨
191　理性互补，欢声笑语才和谐

| Part1 |
幽默的人生，精彩的智慧

幽默是一种智慧力量

> 老师，您的学问好深呀，什么植物都知道得那么清楚！

> 这就是我故意走在你们前头的原因了，只要一看到不认识的植物，我就"先下脚为强"，赶紧踩死它，以免漏底！

"幽默"这个词起源于拉丁文，形成于古法文，起初是个医学术语，指人的体液。它作为美学范畴的一种特定含义是在16世纪以后出现的。汉语中最早出现"幽默"一词，据考证是在

《楚辞·九章·怀沙》中，是寂静无声的意思，与现在所说的"幽默"不同。我们现在说的"幽默"一词是英语"Humour"的音译，有"会心的微笑""谑而不虐""非低级趣味的、只可意会的诙谐"等意义。这种解释只是书面上的。

作家王蒙说："幽默是一种成人的智慧，一种穿透力，一两句就把那畸形的、讳莫如深的东西端了出来。既包含着无可奈何，更包含着健康的希冀。"

可见，幽默是一种人生的智慧。它体现的是一种才华，展现的是一种力量，它是文明的产物。

幽默有两个基本特点：

1. 有趣味点。即幽默必须具有美感特征，如果只是一味地用来讽刺他人而使自己畅快，却忽略了他人的感受，那样的幽默会造成他人的厌恶与反感。

2. 意味深长。幽默就像是一杯醇酒，越品越拥有醉人的味道。幽默的智慧性来自深刻的生活体验、敏锐的洞察力、丰富的想象力、良好的素养与语言表达能力，以及优雅的风度与乐观的情绪。

有一次，萧伯纳为庆贺自己的新剧本演出，特发电报邀请丘吉尔看戏："今特为阁下预留戏票数张，敬请光临指教，并欢迎你带友人来——如果你还有朋友的话。"丘吉尔看到后立即复电："本人因故不能参加首场公演，拟参加第二场公演——如果你的剧本能公演两场的话。"

幽默是一种机智思维

幽默既需要智慧做强大的后盾,也需要灵活的思维做勇猛的冲锋军。现实生活中,幽默机智的人,会受到更多人的喜欢。

早听说贵地蚊子十分聪明,果如其然,它竟能够预先看我登记的房间号码,以便晚上对号光临,饱餐一顿。

对不起,先生,我们会尽快做好除蚊工作。

丘吉尔善用幽默的智慧由此可见一斑。一个具有幽默感的人,一定具有强大的人格魅力,因为他总能强烈地感受到自己力量的存在,所以能够从容地应对各种尴尬困苦的窘境。

在阿拉曼战役前夕,丘吉尔召见了他的得力将领蒙哥马利将军。在谈话中,丘吉尔提议他应该研究一下逻辑。疆场勇士蒙哥马利担心自己会陷入纠缠不清的逻辑命题中,便找了个借口推托。他对丘吉尔说:"首相先生,你知道,有这样一句谚语,'了解和亲昵会产生轻蔑'。也许我越是研究逻辑,便会越加轻视它。"丘吉尔取下烟斗说:"不过我要提醒你,没有一定程度的了解和亲昵,什么也不会产生出来。"

就是通过这样直白坦率而又幽默的方式,丘吉尔总是能够说服自己的属下,并赢得他人的信任与尊重。

幽默是一种生活态度

幽默是一种笑对人生的生活态度。罗丹说,"生活中不是缺少美,而是缺少发现美的眼睛",懂幽默的人就长了一双发现美的眼睛,一张享受美的嘴巴。世界在他们的眼睛中是彩色的,是充满希望与美好的。他们的幽默习惯,于己,让日子多些乐趣;于人,让彼此多些轻松。

启功成名之后,经常有人模仿他的笔墨在市面上出售。有一次他和几个朋友走在大街上,路过一个专营名人字画的铺子,有人对启功说:"不妨到里面看看有没有您的作品。"大家一起进了铺子,果然发现好几幅"启功的字",字模仿得很有功底,连他的朋友都难以辨认,就问道:"启老,这是您写的吗?"启功微微一笑赞道:"比我写得好,比我写得好!"众人一听,全都大笑起来。说话之间,又有一人来铺里问:"我有启功的真迹,有要的吗?"启功说:"拿来我看看。"那人把字幅递给他。这时,随启功一起来的人问卖字幅的人:"你认识启功吗?"那人很自信地说:"认识,是我的老师。"问者转问启功:"启老,您有这个学生吗?"作伪者一听,知道撞到枪口上了,马上哀求道:"实在是因为生活困难才出此下策,还望老先生高抬贵手。"启功宽厚地笑道:"既然是为生计所害,仿就仿吧,可不能模仿我的笔迹写反动标语啊!"那人低着头说:"不敢!不敢!"启功听他说完便走出店门,同来的人问:"启老,您怎么就这样走了?"启功幽默地说:"不这样走,还准备送人家上公安局啊?人家用我的名字,是看得起我。再者,他一定是生活困难缺钱,他要是找我借,我不是也得借给他吗?当年的文徵明、唐寅等人,听说有人仿造他们的书画,不但不加辩驳,甚至还在赝品上题字,使穷朋友多卖几个钱。人家古人都那么大度,我何必那么小家子气呢?"启功的襟怀比之古人,可以说有过之而无不及。

幽默是快乐的催化剂

想让幽默带来快乐,首先自己要选择快乐。只有一个内心真正快乐的人才可能将快乐呈现给他人。

每天我都会选择快乐地生活,这就是我的长寿秘诀。

请问您长寿的秘诀是什么?

启功先生并没有因为曾经生活中的坎坷与曲折就否定了人生阳光的一面，他依旧用一颗宽容并幽默的乐观之心对待这个世界。幽默的生活态度就体现在一种心境、一种状态、一种与万物和谐的"道"之上。

真正幽默的情状表现

幽默的情状表现与幽默的特点既有共通之处，即都具有机智的趣味性；又有差异之别，即情状重在情景的展示，让大家可以更轻松而又深刻地汲取幽默的趣味与内涵。

以下几点是幽默的情状表现：

1. 机敏诙谐，有趣味性。

"昨天你骑马骑得怎么样？"
"不太坏，不过我那马太客气了。"
"太客气了？"
"是呀！当我骑到一道篱笆前面的时候，它让我先过去了。"

人们一听便知这位先生从马上摔下来了，而他却自我解嘲说是"马太客气了"，由此产生了逗人发笑的效果。

2. 含蓄，具有极强的穿透力。

幽默讲求寓深远于平淡，藏锋芒于微笑。但特殊情况下它也有尖锐的刺痛，有时也有一针见血的穿透力。幽默的这种穿透力，"一两句话就能把畸形的、讳莫如深的东西端出来"，对一切卑微可笑的东西可谓是当头一棒。幽默的尖锐刺痛并不是破口大骂，它具有含蓄深刻、一语中的的特点。

在某厂，两位工人正在讽刺他们的厂长，因为这位厂长能力不强，群众基础比较差。
"厂长看戏为什么总是坐在前排？"
"那叫'带领'群众。"
"可是看电影时为什么又坐中间了？"
"那叫作'深入'群众。"
"来了客人以后，餐桌上为什么总有厂长呀？"
"那叫作'代表'群众。"
"但是他成天坐在办公室里，车间里看不到他的身影，又怎么说？"
"这都不知道，这叫'相信'群众。"

谁都知道这两位工人正在心照不宣地正话反说，讥讽厂长的领导作风。尽管话不符实，却体现出很强的讽刺效果。

3. 温和亲切，富有平等意识和人情味。

听了别人说的笑语能发笑，这是正常人起码的幽默感。自己能来点幽默，让别人笑，这人则具有较强的幽默感。而自嘲是最高品位的幽默。

美国总统林肯的长相实在让人没法恭维，他自己也不避讳这一点。一次，道格拉斯与他辩论，指责他是两面派。林肯回答："现在，请听众来评评理，我如果还有另一副面孔的话，我会整天戴着现在的这副面孔吗？"

幽默是人性善良的体现。幽默者不论是指出那些可怜或可鄙的小算盘，还是指出他人的愚笨可笑，或是在取笑别人的同时也在取笑自己，其情绪是自尊和自嘲的混合，因而在化解困境、嘲讽丑态中，能体现出真正的人情味。

幽默的本质是以笑的方式打动人

1901年，英国一位哲学家这样谈到幽默："语言中几乎没有一个词汇……比这个人人熟悉的词更难下定义。"确实如此，幽默的定义一直莫衷一是。

1979年1月出版的《今日心理学》杂志上有一篇文章名为《笑话各有所好》，公布了以读者为对象调查幽默所得到的结果。文章的作者指出：幽默是微妙的、难以捉摸的现象，我们根本无法明确列出幽默的种类。而幽默的本质是以笑的方式打动人。

乔治·库特林（1858—1929），是法国知名的剧作家和幽默作家。有一次，一位自命不凡的年轻作者想一鸣惊人，便写信给库特林，借三个不合常理的理由向他提出决斗，但这封信实在上不了台面——字迹潦草，甚至有许多字拼写错误。乔治·库特林很快给他写了回信："亲爱的先生，因为我是伤害你的一方，该由我来选择决斗武器。我要用'正字法'来决斗。在接到这封信之前你就已经失败了。"

让生活充满幽默

幽默的本质是通过笑的方式来娱乐他人、快乐自己。具有幽默感和幽默力量，是现代人应具备的素质之一。因为幽默可以让人们疲惫的身心得到愉悦的舒缓，可以让人们每一天的忙碌充满了价值与意义。

> 试试吧，这双鞋可是进口货，质量好！

> 看吧，鞋是进口货，我这袜子是"出口货"，哈哈！

幽默存在于生活中的每一个角落，关键是我们要用心体会，用智趣的言语表达，如果我们愿意与生活一起游戏，它就会在我们意想不到之处为我们制造惊喜。

乔治·库特林以幽默的语言，用"正字法"作为武器对年轻人给予了回击，既向年轻人指出了写字太潦草的不端正态度，又展示了自己豁达的一面。整个批驳机智含蓄，风趣诙谐，令年轻人愉快地认输。

这个小故事形象地说明了幽默的本质。

| Part2 |

即兴幽默——急中生智，瞬间打动他人

一见如故——与陌生人幽默相交

　　一见如故，相见恨晚，历来被视为人生一大快事。现代社会中，参观访问、调查考察、观光旅游、应酬赴宴、交涉洽商……善于跟素昧平生者打交道，掌握"一见如故"的诀窍，不仅是一件快乐的事，而且对工作和学习大有裨益。那么，如何才能做到"一见如故"呢？答案是了解幽默，学会幽默，运用幽默，来实现与陌生人的相识、相处。

　　有一天，汽车大王亨利·福特在一处偏远农村驾车兜风。在一处农舍边，这位闻名世界的大人物，看到一个小孩正在锯木材，小孩大约十岁，技术却十分熟练，更难得的是他看到陌生人一点也不怕，与一般的乡下小孩有很大的不同。

　　亨利·福特的童心大起，走上前去帮他拉锯。可是很明显，福特的技术与小孩相去甚远。小孩也并不在意，甚至耐心地指导福特。

> ## 培养"一见如故"的幽默

首先，第一次和别人打交道时，双方都不免有些拘谨。如果能有人主动、幽默地打破拘谨，对方也能很快融入进来，这种假的"一见如故"在双方看来，就变成了真的一见如故。

你这人可真幽默，以后公司电脑就找你家修了！

可能是你装的程序有点多，所以这电脑还有点重呢，呵呵！

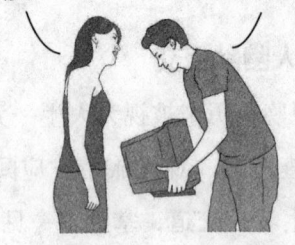

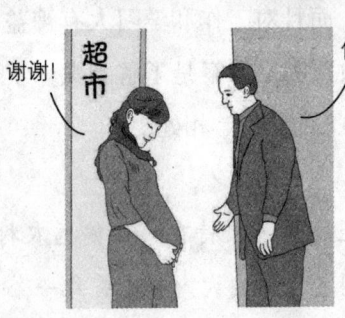

谢谢！

俩人的优先！

其次，很多时候我们只是和一些人"擦肩而过"，但世界如此之小，我们说不定什么时候就需要他们的帮助。即兴幽默施于人，收获日后的人情才能办好事、办成事。

过了好一会儿，福特忍不住说："阁下可知道，你正跟亨利·福特在锯木材？"只见那个孩子若无其事地回答："我不知道，可是我要告诉你，你在跟罗勃·李锯木材。"

亨利·福特听到孩子真诚的童趣式回答，欣喜之余，将那辆崭新的福特车送给了孩子。

或许这位孩子并不是有意说出那样幽默的话语，只是持有一颗天真的童心，说了事实如此的话。可正是因为他那种初生牛犊不畏虎的趣味之言，赢得了亨利·福特的欣赏与青睐。由此可见，"一见如故"的幽默能够拉近与陌生人的感情距离，将自己很快地融入群体之中，赢得人们的接受与欣赏。

临时发挥——化忌为喜的幽默

"临时发挥，化忌为喜的幽默"就是在不知不觉中做了或说了一些有违忌讳的事或话时，或者由于客观原因而做出一些不愉快、不吉利的事情时，及时地用一些双关语、名诗佳句、谐音字词等化忌为喜，消除尴尬，抹掉人们心头的阴影，使快乐重新回到心头。

大刘应邀参加一位朋友的婚礼，可天公不作美，那天的小雨从早到晚一刻也未停过。等大刘赶到朋友家时，衣服上溅满了星星点点的泥水。当新人双双向他敬酒时，朋友看到他满身泥水，略带歉意地说："冒雨前来，让你辛苦了。这都怪我没选好日子。"大刘赶忙接过话茬幽默地说："老兄此言差矣，自古道'久旱逢甘雨，他乡遇故知，洞房花烛夜，金榜题名时'，这人生的四大喜事，让你们小两口在一天就赶上了两个，这才叫双喜临门呢。"一句话说得满堂喝彩，活跃了婚礼气氛。

大刘意犹未尽，接着说："既然说到了雨，敝人有一首打油诗，借此机会赠给两位新人。"接着便吟道："好雨知时节，当婚乃发生。随风潜入夜，听君亲吻声。"一首歪诗吟罢，逗得新娘面颊绯红，引来满座欢笑。

大刘机智的临场发挥，使本来不受婚礼欢迎的雨，瞬息之间带上了吉祥喜庆的色彩。临场发挥的幽默，让人们在躲不开的"禁忌"中忘却了旧观念的忧愁。

将错就错——顺理成章中显智慧

有一次，张作霖出席名流雅席。席间，有几个日本人突然声称，久闻张大帅文武双全，请即席赏幅字画。张作霖明知这是故意刁难，但在大庭广众之下，盛情难却，就满口应允，吩咐笔墨侍候。只见他潇洒地踱到桌前，在铺好的宣纸上大笔一挥写了个"虎"字，然后得意地落款："张作霖手黑"。按上朱印，踌躇满志地掷笔而起。那几个日本人，丈二和尚摸不着头脑，面面相觑。机敏的随从秘书一眼发现了纰漏，应是"手墨"。亲手书写的文字怎么成了"手黑"？他连忙贴近张作霖耳边低语："您写的'墨'下面少了个'土'，'手墨'变成了'手黑'。"张作霖一瞧，不由得一愣，怎么把"墨"写成"黑"

了？如果当众更正，岂不大煞风景？他眉头一动，计上心来，故意训斥秘书道："我还不晓得这'墨'字下边有个'土'？因为这是日本人要的东西，就必须寸土不让！"

话音刚落，满座喝彩，那几个日本人这才悟出味来，越想越没趣，只好悻悻退场了。

> **幽默可以应对各种难以对付的局面**
>
> 或许，别人会因为无意中伤害到你而感到羞愧万分、左右不是，这时你不妨用恰当的言辞宽容待之。
>
> 真是不好意思，刚才从后面把您当男士了！
>
> 明天，看来我只能穿裙子来上班了，不然恐怕连我的男朋友从背后也认不出我。

张作霖这种"化腐朽为神奇"的幽默正是"将错就错"的巧妙运用。原本是要大出洋相的一个笔误，竟然成了民族气节和斗争艺术的反映。

一旦发现了自己的失误，千万别为后悔耗费时间，而要迅速权衡一下利害得失，只有在当场承认错误的负面效应实为自己难以承受,而拒绝认错又不至于把事情弄得更糟时,才可考虑用"将错就错"这一计策。否则,还是承认、改正为好,因为坦诚往往会换来谅解,甚至敬意。例中的张作霖关于"如果当众更正,岂不大煞风景"的暗忖,就是快速权衡之后所做的判断。情况是明摆着的:日本人是故意刁难,等看笑话,如果承认错误,便正中了居心不良者的下怀,这种丢自己脸面、灭国人威风、长他人志气的后果当然无法接受。于是,"将错就错"就成了顺理成章的选择。

打破冷场——幽默逗你喜笑颜开

如果你出现了下面的状况:在冷场时,不知道怎么活跃气氛;在一些突发事件中,不知道说什么合适的话来救场;和友人聊着聊着就突然没有话题了;发表某些意见或建议,却无法取得共鸣或者人们的关注;结识新朋友不知道该说些什么……在许多场合,由于性格腼腆,或者彼此之间不够了解,而无法拥有共同的话题,使交往中出现了冷场的情形。

这个时候,幽默就是最佳应对之策了。幽默会让冷场的冰块渐渐融化,让温暖的快乐走进人们的心中。

交流中最尴尬的局面莫过于双方无话可说。无话可说有时候是因为一方对另一方说的根本不感兴趣,有时候是因为我们说的意思和对方的理解有偏差,有时候是因为我们缺乏在某些特殊情景下的沟通技巧,有时也会因为你的语言触及了别人的"雷区",而造成别人的不愉快,导致交谈无法继续下去。无论是哪一种情况,都有可能会让你焦虑。良好的沟通需要双方在适当的时候分别扮演信息发送者和信息接受者的角色,就像跳探戈时需要两个人的完美配合。

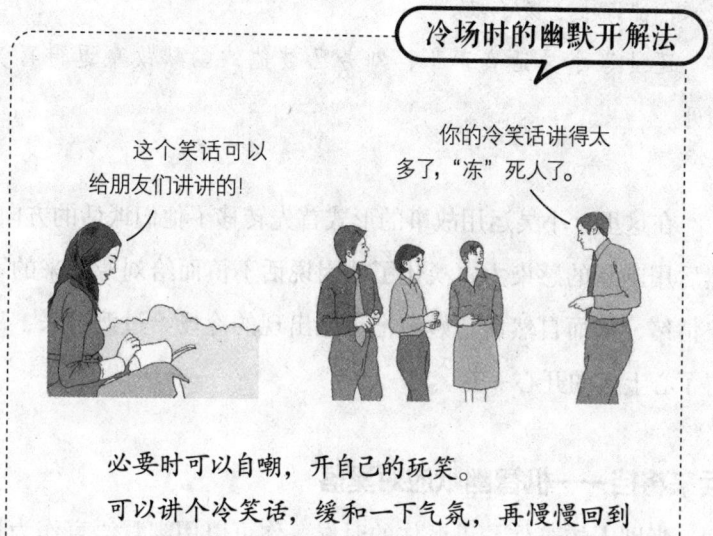

冷场时的幽默开解法

这个笑话可以给朋友们讲讲的!

你的冷笑话讲得太多了,"冻"死人了。

必要时可以自嘲,开自己的玩笑。

可以讲个冷笑话,缓和一下气氛,再慢慢回到刚才的主题,但是不宜讲太多的冷笑话。

化解冷场局面时,表现得要自然,不要让别人感觉你是刻意的,否则会加剧冷场和尴尬。

刘芳有过一次痛苦的爱情经历,她对前男友爱得如醉如痴,可是,对方却脚踏两只船,最终抛弃了她。

一次,刘芳与现任男友小吴约会时,小吴问她:"你对爱情中的普遍撒网、重点逮鱼,怎么看?"没想到他话一出口,刘芳没搭理他,脸色霎时变得很难看。小吴知道自己误入情人的"雷区",赶紧补充道:"啊,请别介意,我是说,我有一个讽刺对爱情不忠的故事献给你,故事说有一个对太太不忠的男人,经常趁太太不在家时把情妇带回家过夜,但又时常担心太太会发觉。有一天晚上,他突然从梦中惊醒,慌忙推着身边的太太说,'快起来走吧,我太太回来了'。等他的太太也从梦中清醒过来,他一下子傻了眼。"

还没等小吴话音落下,刘芳已被他的幽默故事逗得喜笑颜开。

在这里,小吴运用故事的形式首先转移了他们谈话的方向,然后用幽默的感染力,淡化了他因说话不慎而给刘芳带来的不快情绪,从而自然而巧妙地把可能出现的冷场给过渡过来,赢得了心上人的开心一笑。

兵来将挡——机智幽默应对奚落

当别人挖苦你、讥讽你的时候,你可以用幽默语言作为护身符,筑起防卫的堤防。"兵来将挡,水来土掩",你可视不同的人和语言选择不同的幽默应对办法。

若判明来者不善,其怀有恶意,故意挑衅,你可以"以眼还眼,以牙还牙",有理、有利和幽默地回敬对手。

20世纪30年代,一次,丘吉尔访问美国,有一位反对他的美国女议员咬牙切齿地对他说:"如果我是您的妻子,我会在您的咖啡里下毒药的。"丘吉尔微微一笑,平静地答道:"如果我是您的丈夫,我会喝下那杯咖啡的。"

面对女议员刁难、愤恨的无礼言辞,丘吉尔并没有怒不可

应对奚落的即兴说话技巧

> 我知道你嘲笑我是为了激怒我！我是不会上当的！

第一，弄清对方的意图，才能对症下药。有的人嘲笑别人，就是希望看见别人窘迫的样子。明白了这一点，对嘲笑的反应就是不理不睬，或者顺势就势，用对方的意图作为突破口来"幽对方一默"，让对方败在自己的企图心中。

> 你是在拿我的胖取乐吗？我承认我就是个美丽的胖子啊！

第二，有时候，你完全不理会嘲笑并不是最佳选择。他们嘲笑你什么，你就主动承认什么，甚至还要更激进。这样，那些嘲笑你的人，其兴致一下就没了。若你越害怕被嘲笑，就越可能激起他们进一步嘲笑你的欲望。

遏，微笑着回答女议员的问题，他的胸襟雅量令人们敬服。

如果对方来势汹汹、盛气凌人，前来指责辱骂你，而你确信真理在手时，则应保持藐视的目光、适时幽默的反击、冷峻的笑容，让他尽情地发泄个够，而不予理会。假如有人冲着你横眉竖眼，恶语中伤地说："你这个人两面三刀，专门打我的小报告，想踩着别人的肩膀往上爬，没门儿！"如果你心中无愧，完全不必大发雷霆，倒不妨解嘲地反诘："哦，是真的吗？我倒要洗耳恭听。"然后诱使谩骂者说下去，直到对方找不到言辞了，你再"鸣金收兵"。在这种情况下，你以温文尔雅、彬彬有礼的方式笑迎攻击者，显然比暴跳如雷、大动肝火要好。

比如你刚被提拔到公司管理岗位，有人对此揶揄道："这下子你可平步青云、扶摇直上了吧？"你听了不必拘谨，可一笑了之："是这样吗？都是被你衬托的啊。"用这种不卑不亢的应对方法，便立即能使对方语塞。相反，你过于计较，说出一大堆道理，倒显得太认真，反而适得其反。

以静制动——从容应对指责嘲笑

当有些人当着众人的面，指责你的错误，会令你感到不快，甚至会让你窘迫难堪，尴尬至极。这个时候你该怎么办？你会因为觉得在众人面前丢人，而对对方心存怨恨，甚至大口谩骂吗？聪明的人在应对别人的当众指责时会这样做：

斯坦顿夫人是美国保护妇女权益的知名社会活动家。

当一次保护妇女权益的会议在罗切斯特召开时，一位已婚牧师指责斯坦顿夫人在公开场合发表演讲。

他不满地说："使徒保罗提议妇女应保持沉默,您为什么要反对他呢？"

"保罗不也提议牧师应保持独身吗？您难道听话了吗,我的牧师大人？"斯坦顿夫人挖苦道。

随机应变——幽默口才的即兴法宝

幽默口才很重要的特质就是能够随机应变,没有了随机应变的依托,幽默就失去了内在涵养,而成为"金玉其外,败絮其中"的一个空泛的壳子。

从士兵们的笑声看来,我可以肯定地说,在与士兵的多次接触中,这次是最成功的了。

不要被自己遇到的尴尬所激怒,相反可以借机通过这些尴尬,恰到好处地运用幽默拉近自己与别人的距离。

斯坦顿夫人面对牧师的指责,没有大骂,她选择了淡定而又从容的回答,以其人之道还治其人之身,用对方的言辞逻辑回击了对方的指责，这是一种淡定的幽默。应对别人当众指责的最有效的方法即是以静制动。

当有人怒气冲冲地当众对你大加指责时，你可像斯坦顿夫人一样采取淡定的幽默反击，以静制动，幽默应对对方的无礼攻击。你的态度看似柔和，实则给他最严厉的迎头痛击。见到你如此反应，对方就会自感索然无味，悻悻而退。

即兴聊天——幽默捧场，愉悦情怀

聊天从本质上说是没有什么目的，可以海阔天空地闲谈，图的就是聊天的那种快乐与身心放松的惬意。但从微观来说，闲聊未必就"闲"，拥有幽默口才的人能从闲聊中聊出感情来，使两个人的关系更加密切。在这个过程中，他们可以掌握闲聊的方式和话题，把它变成富有成效的沟通交流。

会说话的人总是有目的地选择话题。他们不会因为是与他人聊天，而忽视了谈话的禁忌性。在聊天中，搬弄是非、贬抑他人的话题需要回避，对方的忌讳和缺点也不要提及。否则，会让自己陷入无知的尴尬境地。

在一场茶话会中，一位80多岁高龄的老人吸引了大家的注意力，一位记者走上前去，说："老先生，真希望明年还可以在这里见到您啊。"

老人并没有因此而恼怒，反而拍拍记者的肩膀幽默地说："小伙子，你还这么年轻，想见到我肯定没有问题的。"

这位记者就是一位不怎么会寻找话题的人，真正会聊天的人会选择合适的话题，但绝不会让误会发生，也不会触碰关于个人隐私方面的话题，更不会问一些画蛇添足的问题。因为他们知道隐私方面的话题容易引起争论，会将和谐的气氛弄僵。

幽默的闲谈是对自身资源的一次挖掘，很考验一个人的知识水平和文化层次，平时除了你最关心、最感兴趣的问题之外，你要多储备一些和别人"闲谈"的资料。这些资料应轻松、有趣，容易引起别人的注意。除了天气之外，还要有些常用的闲谈资料。比如，自己闹过的有些无伤大雅的笑话，像买错了东西、语言上的误会等，这一类的笑话，多数人都爱听。如果把别人闹的笑话拿来讲，固然也可以得到同样的效果，但对于那个闹笑话的人，就未免有点不敬。讲自己闹过的笑话，开开自己的玩笑，除了能够博人一笑之外，还会使人觉得你为人很随和，很容易相处。

| Part3 |

处世幽默——柔以避祸，笑以挡灾

用幽默钝化他人攻击

人生在世，应该慢慢体悟到圆融的处世之道。面对他人的不敬，应该用智慧、用口才去反驳，这样才能够显示自己而驳倒他人。幽默口才的魅力恰恰在于能将棱角分明的话语表达得易于接受，却又不失锋利的语言威力。

苏联诗人马雅可夫斯基曾与反对苏维埃政府的人进行论辩。

反对者问："马雅可夫斯基，你和混蛋相差多少？"

马雅可夫斯基怒而不露，不慌不忙地走到反对者跟前说："我和混蛋只有一步之差。"

在场的人听了都哈哈大笑起来，那位批评马雅可夫斯基的人灰溜溜地跑开了。

俄罗斯有一位著名的丑角演员杜罗夫。在一次演出的幕间休息时，一个很傲慢的观众走到他的身边，讥讽地问道："丑角先生，观众对你非常欢迎吧？"

幽默的口才是阻挡利箭的盾牌

具有幽默本领的人可以将自己的语言幻化成挡箭牌，在钝化他人讥讽的同时给予强有力的回击。难怪人们总把激烈的语言交锋称为唇枪舌剑，有时候两片嘴唇、一条舌头，比真枪实弹的威力还要大。

> 喂，穷小子，你身上怎么长出一张兽皮？

> 老爷，你的身上怎么也长出一身人皮？

面对讽刺，要能够巧妙地回击，不管地位如何，不能允许他人蔑视自己的尊严。保护尊严，是任何一个人都看重的处世之道，而面对挖苦，要用笑语反击，要寓意犀利，方法温和，想必不尊重你的人也会知趣地保持沉默。

"还好。"

"要想在马戏班中受到欢迎，丑角是不是必须要有一张愚蠢且又丑又怪的脸蛋呢？"

"确实如此。"杜罗夫回答说，"如果我能长一张像先生您那样的脸蛋的话，我准能拿到双薪。"

杜罗夫巧妙地把这位傲慢观众的脸蛋，同自己能否拿双薪牵扯在一起，从而产生了幽默的回击效果，对这位傲慢的观众进行了反讽。

案例中的两位主人公无不在为人处世之道中，掌握了以笑声回击的智慧，利用幽默将他人的攻击消灭于无形。如果说他人的言语攻击是箭，那么幽默的口才就是在任何时候都能够将利箭阻挡在外的盾牌。

幽默语言助你轻松交流

白岩松是一个善用严肃幽默的人，他作为央视的节目主持人，不仅采访过很多人，也被别人采访过。在回答记者提问中他以真诚谦逊、质朴自信、机智灵活、幽默含蓄的语言风格，展示了"央视名嘴"的风采。

以下是白岩松在结束悉尼奥运会解说工作回国后的一次答记者问，从这次的巧答记者问中，我们可以清晰地感受到幽默口才的威力以及魅力。

记者（以下简称记）：有媒体评论说，白岩松是中央电视台最火的主持人。半个月评说奥运会，使亿万观众更加认可你了。你如何看待这种评价？

白岩松（以下简称白）：我曾经跟朋友开玩笑说，把一条狗牵进中央电视台，每天让它在一套节目黄金时段中露几分钟脸，不出一个月，它就成了一条名狗。我在《东方时空》已经待了七年，如此而已。这没有什么值得骄傲的，相反地，这给生活带来了一些不便，比如没有随便出门逛街的自由。

记者的话无疑是对白岩松的赞扬，而这种赞扬是高规格的。面对赞扬，白岩松没有沾沾自喜，更没有自鸣得意，他幽默地巧借一个比方表明了自己对这一问题的看法：一来是自谦，二来揭示自己的名气与平台的关系，尤其是与中央电视台这种大型媒体的关系，从而巧妙地把赞扬声指向了给他带来荣光、带来名气，乃至带来些许"不便"的地方——中央电视台。

记：最近我看到有传媒把你和中央电视台的其他名嘴做了比较，给你的打分是最高的，在强手如林的竞争中，你感觉周围有对手吗？

白：人生事业跟百米赛跑有相似的地方，我跑的时候，眼睛只看着前面那条线，而绝不会去考虑对手。但人生跟百米赛跑还不太一样，百米就一条线，人生是你撞了一条线后还有很多条线，你得不断去撞，直至人生到达终点。

记者想以事实说话，用事实来证明白岩松是最棒的，并以此引出他对对手的评价以及面对竞争对手时的态度，而白岩松答得更为精彩。他首先从对方话中引出比喻，然后寻找人生与百米赛跑的相同点，"眼睛只看着前面那条线"，含蓄地告诉世人——自己的心中有恒定的奋斗目标，自己所做的一切都在向心中的那个目标迈进，无须过多地考虑对手。短短的一句话，不仅显示了白岩松的自信，而且显示了他看准目标后孜孜以求的坚韧。接着,白岩松又点出人生与百米赛跑的不同点:百米赛跑的目标是单一固定的,而人生的追求却永无止境。

记:你刚到《东方时空》时,只是一个25岁的小伙子,而且一点电视主持经验都没有。第一次面对镜头,你是不是很紧张?

白:不紧张,因为我都不知道镜头在哪里。开拍前,导演告诉我,你要放松,就当没有镜头,于是我就不去想它。现在再看那次录像,还是很放松的。如今面对镜头,我感觉到的只是一种工作状态,比如,它开机了。

这是一个回顾性问题,旨在了解白岩松的成长过程。白岩松的回答依旧保持着他一贯的风格:实话实说——"不紧张,因为我都不知道镜头在哪里";称赞他人——"导演告诉我,你要放松";自信务实——"我感觉到的只是一种工作状态"。整个回答,要言不烦,语言精练,似乎未谈自己的成长,但我们仍然能从"找镜头"到"工作状态"中看到白岩松成长的足迹。

记:无论你承认不承认,你已经是一个明星,一个传媒明星。如何在明星和记者之间摆正自己的位置呢?

白:有一位年轻人曾求教于一位大提琴家:"我如何才能成为一个优秀的大提琴家?"大提琴家回答说:"你先成为一个优秀的人,再成为一个优秀的音乐人,然后会很自然地成为一个优秀的大提琴家。"这对我们也一样,先成为一个优秀的人,再成为一个优秀的记者或主持人。

记者的问题问得很有价值，因为对于一个明星式记者而言，这是一个必须要解决的问题。白岩松并没有正面作答，他先用类比的手法来引发我们每个人对这一问题的思考，"优秀的人—音乐人—大提琴家"的三个阶段，让我们扩大了对记者所提问题的思考范围，无论是做主持人、记者还是其他工作，一个最基本的前提是：首先要成为一个优秀的人。这样的回答充满了睿智，它不仅让我们了解了白岩松的人生态度，而且也让我们获得了人生的感悟：事业有成的基础和前提是什么？

记：我听到的观众对你的唯一的意见是，你太过严肃，不苟言笑，为什么不能在屏幕上露出一点笑意呢？

白：有不少观众说不习惯我老是一副忧国忧民的脸，可如果我换上一副笑容灿烂的脸是不是就习惯了呢？我以前做的节目大都是一些沉重的话题，背后有太多沉重的故事，我笑不出来。这是一种职业病。我也曾努力笑过，但我一笑就不会说话，平常也是这样，一笑我就失去了所有的身体语言。因此，我绝对不是故作深沉，而平常就是这样。真实是最自然的。

这是一个很有趣的话题，说它有趣，是因为观众对白岩松的屏幕印象确实如此，许多观众都想知道其中原因，可以说记者问出了许多观众想问而没有机会问的问题。白岩松的回答不但化解了观众之惑，而且表明了自己的生活态度，既诙谐幽默——"老是一副'忧国忧民'的脸",又真挚坦诚——"我以前做的节目大都是一些沉重的话题",而且机智灵活——"真实是最自然的"。这样的回答,不但让我们理解了他的"严肃",而且在对他的"严肃"深怀敬意的同时,能对自己的生活态度做出正确的定位。

看白岩松主持的节目,我们能够感受到正义的力量,听白岩松妙答记者提问,我们能够感受到他人格的魅力:坦诚、质朴、谦逊、平易近人。在欣赏白岩松连珠妙语的时候,希望大家能够从中学习到说话的艺术、幽默的圆融。当一个人说话能方能圆的时候,距离成功也就不再遥远了。

"顾左右而言他"的幽默

在交际中,我们难免遭遇到一些令自己或者他人尴尬的问话,比如,涉及个人收入、个人生活、人际关系等问题。对待这样一些提问,如果我们只用一句"无可奉告"来应对,那会使我们显得生硬无礼;如果套用正式用语来作答,那又可能会让我们陷入纠缠式提问。总之,对待这样一些古怪的问题,我们答得不好,就有可能自己给自己套上难解的绳索,使自己陷入十分难堪的泥淖,不能自拔以致大失脸面。

如处于这样的尴尬场合时,就需要具备"顾左右而言他"的幽默语言艺术,从而能使你面对尴尬时峰回路转,取得柳暗花明的喜剧效果。顾名思义,"顾左右而言他"是指,对着身旁的人,却说一些无关的话,喻指有意避开话题而用其他的话语搪塞过去的说话方式。

"顾左右而言他"要含蓄

"顾左右而言他"的幽默方法主要包括两种：直接幽默转移法和含蓄幽默言他法，又称切换幽默法。

> 你没听到我刚才说的话吗？

> 对于嘲笑我的话，我会自动屏蔽，所以听不见！

直接幽默转移法，即"装聋"。将话题飞快转向与之毫不相干的地方，看似快速甩开了为难局面，但是心理上仍然会受到影响。

> 跟贵国一样，每人死亡一次。

> 贵国的死亡率必定不低吧？

切换幽默法，是针对对方的话题而切换新的话题，从字面上看是回答了对方的问题，而实质意义却是不相干的。它通常能显示出一种较为强硬却不失风趣的表达风格。

课堂上，老师突然叫起一位学生回答问题，待该学生回答完毕后，却引来了同学们的一阵哄笑。因为这位同学回答的是前一道题，与现在的问题风马牛不相及。虽然老师也笑了，但是笑过之后，他对这位同学幽默地说："辛苦你了，你果然是慢热型啊。"学生们听到老师如此"顾左右而言他"的幽默，更是笑得前仰后合，连那位同学也不禁笑了起来。不过，在接下来的上课时间里，他听讲变得认真了，对老师也更加敬畏了。

这位老师巧妙利用了"顾左右而言他"的幽默技法，让这位同学不至于下不来台，同时也将自己和蔼可亲的幽默态度展现给大家。

诗人普希金一次在彼得堡参加一位公爵的家庭舞会，当他邀请一位女士跳舞时，这位女士极傲慢地说："我不能和小孩子一起跳舞！"普希金很礼貌地鞠了一躬，笑着说："对不起！亲爱的女士，我不知道你怀着孩子。"说完便离开了，而那位漂亮的女士竟无言以对，脸色绯红。

利用语言的双解，普希金巧妙将话题的针对点从自己身上转到了那位漂亮的女士身上，不露痕迹地将自己的尴尬转移给了漂亮而又傲慢的女士，使她感到非常羞愧。

所以，我们在采用"顾左右而言他"的解围方法时，应尽量把它运用得不露声色，婉转巧妙。

触及他人痛处时的转机

　　每个人都有自己的忌讳，人人都讨厌别人提及自己的忌讳。与他人对话时，必须要看清对方的态度，不要将话题引到对方的痛处上，以免招来对方怨恨，特别是在开玩笑的时候。虽然大多数时候，人们开玩笑的动机是良好的，但如果不把握好分寸，就会产生一些不良的后果。所谓"说者无心，听者有意"。

　　在某学生寝室，几位新生正在争论谁大谁小。小林心直口快，与小王争执了半天，见比自己小几天的小王终于同意排在最末，便说道："好啦，你年龄最小，是咱们寝室的宝贝疙瘩，你又姓王，以后就叫你'疙瘩王'啦。"说者无心，听者有意，原来小王长了满脸的青春痘，每每深以为恨，此时焉能不恼？小林见惹来了风波，心中懊悔不已，表面上却不急不恼，巧借余光中的诗句揽镜自顾道："'蜷在两腮分，依在耳翼间，迷人全在一点点'。唉，这真是'一波未平，一波又起'呀！"小王听了，不禁哑然失笑——原来小林长了一脸的雀斑。

　　小林幽默地化解了尴尬的场面，其智慧令人叹服。无意中伤害了对方，那就对着自己的某个痛处"猛烈开火"，常会使对话妙趣横生，又能化解自己戳到别人痛处的尴尬。

　　有一次，一群大学同学举行毕业十周年同学会，许多同学都来参加了。聚会上，一位男同学打趣地问一个女同学："听说你先生是个大老板，什么时候请我们到大酒店吃一顿。"他的话刚

说话时尽量避开别人的痛处

如果我们在说话时不小心触到别人的痛处，一定要及时挽回，这才是人际相处之道。幽默的说话艺术需要我们在生活中多观察、多总结，避开别人的痛处，只有这样，才能够准确恰当地与他人沟通。

> 一定要避免谈到头发问题！

事先了解别人的痛处，切忌将玩笑开在他人的忌讳上。即使一些人在开自己的玩笑，那也是他自己的幽默方式，这个玩笑的附和者只能是他自己，而不是听众。

> 没关系，我这么老大不小的还没结婚呢！

> 结婚这么多年也没有个孩子。

如果不慎戳到了别人的痛处，要赶快不露声色地弥补。其中最好的办法是用玩笑话说出自己类似的缺陷，这样大家就"平等"了。

说完，这位女同学就不自在起来了。这时另外一个女同学悄悄地告诉这位男同学真相，原来这位女同学前不久刚和丈夫离婚了。男同学知道真相以后，感到无地自容。不过他迅速回过神说："你看我这嘴没把门的毛病怎么还和大学时一样呀，这么多年过去了，还是不知高低深浅，真是该打嘴！"女同学见状，虽然心里还是感到难过，但是仍然大度地原谅了这位男同学的唐突。这时，男同学赶忙幽默地换了一个话题，从尴尬中转移出来。

当我们不小心触及他人痛处的时候，不妨也像这位男同学那样，用幽默来调侃自己，用真诚的语言来表达自己的歉意，这样对方的心里才能感到释然。

遭遇尴尬时故说痴话

我们在不同的场合都会遭遇尴尬。尴尬的表现形式不一样，应对方式当然也会有差别。用幽默语言应对的一种很好方式，就是佯装不知，故说"痴"话，好像这种尴尬从来没发生过一样。

一家星级宾馆招聘客房服务人员，经理给应聘者出了一道题目：

"假如你无意间把房间推开，看见女客人在一丝不挂地沐浴，而她也看见你了，这时候你该怎么办？"

第一位答："说声'对不起'，就关门退出。"

第二位答："说声'对不起，小姐'，就关门退出。"

第三位却幽默地回答:"说声'对不起,先生',就关门退出。"

结果第三位应聘者被录取了。

为什么呢?前两位的回答都让客人心中有了解不开的尴尬心结,唯有第三位的回答很幽默也很巧妙。他妙就妙在假装没看清,故作"痴呆",既保全了客人的面子,又使双方摆脱了尴尬,这就是幽默处世的价值所在。

在社交场合,许多人遭遇尴尬以后,即使假装不在意,其实心里面还是会有个疙瘩,因为对每个人来说,面子都是非常重要的。所以,有时候当别人遭遇尴尬,你的安慰可能只会让对方感觉更没有面子。这时,故作不知,幽默地说一句痴话,让当事人释怀才是最好的方法。

寓理于事,不言自明

寓理于事的幽默表达是一种高境界的方法,虽然没有直接表达,却深谙幽默的真谛与本质。

如果对方问出一个让你感觉非常棘手,不知如何回答的问题,该怎么办呢?这时候你可以针对提问讲一个事例,让对方认同其中包含的道理,然后将此道理幽默地应用于对方的提问,使答案不言自明。

如果能反被动为主动,让对方代替自己回答问题,可以说是沟通应对中的较高境界了,这就需要在幽默处世中圆融地寓理于事,让他人不言自明。

借人之事，幽默解困

别人对我们发起语言攻击，想使我们在众人面前出丑，或是利用这种情况来迫使我们答应他的要求时，要想走出困境，就要利用自己的幽默为自己找出一条出路。

> 或许是这样吧，但是年轻人，请不要把我的老婆也列在当中。

> 听说您在做重大决定之前，总是要先听听那些控制你的大老板的意见，根据他们的意见行事，是这样的吗？

记者招待会

当别人的话是无心冒犯，可能只是童言无忌时，用幽默不仅能保护他人的自尊，也使事情得到圆满的解决。

> 我将以您的名字来给我的小狗命名，以表达对您的敬仰。

> 亲爱的孩子，我知道你的心意，但是我希望你能够和小狗商量一下。

富兰克林·罗斯福第四次连任美国总统时，许多记者都抢着采访他，请他谈谈连任四次的感想。一位年轻记者破例得到罗斯福总统的接待。罗斯福总统没有正面回答青年记者提出的问题，而是先请他吃了一块蛋糕。

记者获此殊荣，十分高兴，他很快便把蛋糕吃下去了。接着，罗斯福总统又要请他吃了一块。当他刚要开口请罗斯福总统谈谈时，罗斯福总统又要请他吃第三块蛋糕。青年记者受宠若惊，肚子虽饱了，还是盛情难却，勉强吃了下去。

青年记者正在抹嘴之时，只见罗斯福总统微笑着对他说："请再吃一块吧！"

记者实在吃不下去了，便向罗斯福总统告饶。

罗斯福总统幽默地笑着对他说："现在不需要我再谈第四次连任的感想了吧？刚才你已经亲身体验到了。"

罗斯福没有直接告诉记者自己的感受，而是通过让他连吃四块蛋糕，体验自己连任四次总统的感受，在幽默的行为中说出了记者所提问题的答案，策略可谓高明至极。

艰涩问题，避实就虚

试想一下，放在你面前两块石头，一块是圆而滑润的鹅卵石，一块是布满棱角的石头，你更喜欢把哪一块拿在手里把玩呢？答案可想而知，没有人喜欢将一块棱角鲜明的东西握在手中，因为那会划破自己的手掌，令自己疼痛。鹅卵石则因为其圆滑的表面而让人喜欢。

幽默处世就像这种圆滑的鹅卵石一样惹人喜爱，不会给人带来压迫感或不舒适。因此，幽默的人更受人们的欢迎，幽默地表达更容易为自己解围。

美国总统里根在访问我国期间，曾去上海复旦大学与学生座谈，有一位学生问里根："您在大学读书时，是否期望有一天成为美国总统？"

里根显然没有预料到学生会提出这样的问题，但这位政治家颇能随机应变，他神态自若并非常幽默地回答："我学的是经济学，我也是个球迷，可是我毕业时，美国的大学生有1/4要失业，所以我只想先有个工作，于是成了体育新闻主持人，后来又在好莱坞当了演员，这是50年前的事了。但是我今天能当上美国总统，我认为是早先学习的专业帮了我的忙，体育锻炼帮了我的忙，当然，一个演员的素质也帮了我的忙。"

里根这一段精彩的回答自有他独特的魅力，他采取"闪避式"幽默回答方式，避开了学生提出的问题，从其他角度巧妙地回答了难以应对的发问。

避实就虚的幽默方式体现的是一种迂回的思维方法。迂回思维法指的是在解决某个问题的思考活动中遇到了难以消除的障碍时，可谋求避开或越过障碍而解决问题的思维方法，这对于工作中的创新和解决问题的发散思维具有很强的启发作用。无论是在工作还是生活中，采用闪避式回答的幽默话术，可以让你的周围不再有烦恼围绕，让你的生活充满智慧的火花。

讽刺幽默，机智防卫

一位年轻美貌的女子，独自坐在酒吧间里，被一个油头粉面的青年男子瞧见了，于是他走过来主动搭话："您好，小姐，我能为您要一杯咖啡吗？"

"你要到舞厅去吗？"她喊道。

"不，不，您搞错了。我只是说，我能不能为您要一杯咖啡？"

"你说现在就去吗？"她尖声叫道，比刚才更激动了。

青年男子被她彻底搞糊涂了，红着脸悄悄地走到一个角落坐下。这时几乎所有的人都把目光转向了他，鄙夷地看着他。

过了一会儿，这个年轻女子走到他的桌子旁边。"真对不起，使你难堪了。"她说，"我只是想调查一下，看看他人对出乎意料的情况有什么反应。"

这位聪明女子的做法真让人叫绝，她故意装糊涂，大声叫嚷，引起别人注意，青年只好灰溜溜地躲开了。原来，幽默的口才不光可以用来玩笑、用来放松心情，幽默的口才是一种防身术，还是一种威力十分厉害的防身术。

讽刺性幽默只是针对不安好心的好色之徒而言的，在爱情的世界中，如果爱你的人正是你所爱的人，被爱是一种幸福。但是，假如爱你的人并不是你的意中人，或者你一点也不喜欢他，你就不会觉得被爱是一种幸福了，你可能会产生反感甚至是痛苦，这份你并不需要的爱就成了你的精神负担。别人爱你，向你表达爱意，他（她）并没有错；你不欢迎，你拒绝他（她）的爱，你也没错。最关键的是看你怎样拒绝，如果拒绝得恰到好处，对双方都是一种解脱，也可以免去许多麻烦。如果你不讲方式，不能恰到好处地拒绝别人的求爱，你就可能犯错误，不但伤害他人，说不定也会危害自己。

因此，讽刺性幽默只适用于对付那些居心不良的人，对于那些苦苦追寻自己爱情的痴情人，请懂得收起幽默的讽刺，不要伤害一个在爱的世界中善良无比的人。

幽默的讽刺可以帮助你吓跑居心不良者

面对居心不良者，聪明的办法是以幽默的讽刺性言辞，使其退却。这种幽默不仅保持了自己的尊严与体面，还能令居心不良者暗自汗颜而选择主动退出。

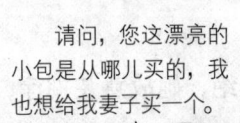

请问，您这漂亮的小包是从哪儿买的，我也想给我妻子买一个。

如果你妻子有这种包，可能会遇到一些麻烦，因为有的男人会以包为借口跟她搭讪。

看穿了居心不良者的意图，不要急于揭穿他，可以先接过话头，以嘲讽而幽默、机智的言辞给对方当头一棒。

用模糊语言宛转作答

在一些交流场合，尤其是在一些比较正式的场合，经常可以碰到一些比较尖锐的提问，这些提问不能直接、具体地回答，又不能不回答。这时候，说话者就可以巧妙地用模糊语言表达自己的意见，让当事双方都不会感到太难堪。

阿根廷著名的足球明星迪戈·马拉多纳所在的球队在与英格兰队比赛时，他踢进的第一个球是颇有争议的"问题球"。据说墨西哥一位记者曾拍到了他用手拍球的镜头。

当记者问马拉多纳那个球是手球还是头球时，马拉多纳意识到倘若直言不讳地承认"确实如此"，那对现场裁判简直无异于"恩将仇报"（按照足球运动惯例，裁判当场判决以后不能更改），而如果不承认，又有失"世界最佳球员"的风度。

马拉多纳是怎么回答的呢？他非常风趣地说："手球有一半是迪戈的，头球有一半是马拉多纳的。"

这妙不可言的"一半"与"一半"，等于既承认球是手臂打进去的，颇有"明人不做暗事"的君子风度，又肯定了裁判的权威。

一个年轻男士陪着他刚刚怀孕的妻子和他的丈母娘在湖上划船。丈母娘有意试探小伙子，就问道："如果我和你老婆不小心一起落到水里，你打算先救哪个呢？"这是一个老问题，也是一个两难选择的问题，回答先救哪一个都不妥当。年轻男士稍加思索后回答道:"我先救妈妈。"母女俩一听哈哈大笑,脸上都露出了满意的笑容。"妈妈"这个词一语双关,使三人皆大欢喜。

严厉的话并不一定非要用尖锐的语气来表达,用模糊的语言将严厉的意见表达出来是一种机智,更是一种幽默的艺术。善于为人处世,需要懂得语言的朦胧之美,有时候含糊其辞显示的不是无知,而是难得的大智慧。

| Part4 |

社交幽默——进退自如，笑出影响力

初次见面：用幽默加深第一印象

幽默作为陌生人之间最经济的见面礼，具有强大的吸引力。从容、淡定的幽默会给他人留下平和的记忆与友善的印象。

之所以强调运用幽默加深第一印象的重要性，是因为"第一印象"是你在与人初次接触时给对方留下的形象特征。第一印象在人际交往中所具备的定式效应有很大的稳定性，一个人留给他人的第一印象就像深刻的烙印，很难改变。

有人说过这样一句话，所谓城市的生活就是几百万人在一起所感受到的寂寞。因为几百万人口的城市中，有几百万人与你是陌生人，每一天我们都会在有意无意中与很多人初次见面。这个时候，不要让自己板起的面孔吓走将来的朋友。哪怕不是朋友，也请时刻用幽默来包装自己的心灵，毕竟幽默的人带给大家的不只是欢笑，更有内心的充实与豁达。

如果你是一个有幽默感的人，就不要吝啬，要把幽默心思放在第一次见面的机会上。第一印象只有一次，无法重来。难怪英国形象设计师罗伯特·庞德说:"这是一个两分钟的世界,你只有一分钟向人们展示你是谁,另一分钟让他们喜欢你。"所以在与陌生人交往的过程中,你一定要好好抓住第一印象的效

> **幽默让你的第一印象更加美好**
>
> 心理学家研究发现,第一印象的形成是非常短暂的,有人认为是在见面的前40秒钟形成的,有人甚至认为只有2秒。在现实生活中,有时这几秒就可以决定一次沟通的成败。因为在生活节奏如同飞快奔驰的列车的现代社会,很少有人会愿意花更多的时间去了解、证实一个第一印象不太好的人。
>
> 可我是"大闻酒名"啊!
>
> 方先生,久闻大名啊。欢迎您的到来,真是让我们厂子蓬荜生辉啊。
>
> ××酒厂
>
> 陌生人之间的幽默在社交中占有很大的比例,毕竟在这个社会上,与熟悉的人在一起的时间总是有限的,而社会交际的根本就是要接触更多的陌生人,将更多的陌生人转化为自己的朋友,进而为自己的事业、人生开拓出一片光明的坦途。

应时间，保持微笑，一句开朗而有活力的玩笑，会拉近两人的距离。比如说："你好，你长得好温顺啊，像小绵羊。"

形象是社交的第一印象，语言又是形象的代言人，在与人交往中，要学会说出令人开心的幽默语言，给人一种积极向上的乐观印象，有利于开阔自己的社交圈子。

不妨先说几句题外话

用幽默的题外话开场不同于寒暄幽默，寒暄幽默只是一种问候的语言，而题外话幽默需要更高超的表达艺术。

在进行比较严肃的谈判时，不适宜一碰面就急急忙忙地进入实质性谈话，要善于运用迂回入题的策略，要用足够的时间使双方在情感上得以预热，使谈判的指导思想协调一致。因此，谈话开始的话题最好是松弛的、非业务的，可以拉上几句幽默家常，也可以说点题外话。这样，可以避免双方的尴尬状态，稳定自己的情绪，使气氛变得轻松、活泼，为谈判成功奠定一个良好的基础。

题外话幽默的选材比较丰富，你可以谈谈关于天气的话题，可以谈有关旅游的话题，可以谈有关娱乐活动的话题，可以谈有关个人爱好、兴趣的话题，也可以谈有关衣食住行的话题，只要双方能聊起来就行。

以风趣活泼的话作开场白，能扫除严肃谈话前的拘束感和防卫心理，只要能引起对方的笑声，气氛就会马上变得活跃起来，在这样的氛围中，双方的交谈兴致自然就会提高。

一般来说，要在开始就创造一个融洽的谈话气氛，需要对谈话的对象做一番认真研究,然后以极简短的几句话,四两拨千斤,点破相互间的心理隔膜,一下子缩短心理距离,使对方产生亲近感。这样,后面的谈话就会容易多了。

题外话内容丰富,可以说是信手拈来。你可以根据谈判时间和地点,以及双方谈判人员的具体情况,脱口而出,亲切自然,不必刻意修饰,否则会给人一种不自然的感觉。

深化记忆:幽默地说出自己的名字

初次见面经常遇到做自我介绍的状况,而在向陌生人做自我介绍时,许多人在介绍名字方面做得不太好,在介绍时只是简单地报出自己的姓名:"我姓×,叫××。"自以为介绍已经完成,然而这样的介绍肯定算不上有技巧,也许只过了三五分钟,别人已经把他的姓名忘得一干二净。

幽默则是淡化记忆的克星,幽默的谈吐、睿智的分享能够让他人牢记你的名字,长时间关注于你的气质、风度与涵养。

在社交场合,一个幽默的自我介绍如同一次令人印象深刻的广告。幽默的自我介绍,可以给他人在最短的时间内留下最深刻的印象,为进一步的交往打下良好的基础。一段幽默的自我介绍,首先应该从介绍自己的名字开始,请幽默地说出自己的名字,那么一次成功的交际之旅将会让你收获颇丰。

一个人的姓名,往往拥有丰富的文化积淀,或折射凝重的史实,或反映时代的特色,或寄寓双亲对子女的殷切厚望。因此,介绍姓名的幽默能令人对你印象深刻,有时也会令人动情。

1. 利用名人式幽默。在新生见面会上,代玉做自我介绍时,

> 利用自己来介绍自己的名字

自嘲式幽默。自嘲是以一种幽默的姿态向人们显示自己积极的人生观与价值观,敢于正视自己的缺点,反而让自己变得更加有魅力。

自夸式幽默。懂得用幽默自夸的人,不会有意表现自己的狂妄,相反,在自夸的同时是为了向大家显示自己的亲和力,幽默的智慧正在于此。

我叫刘美丽。不知道父母为何给我取"美丽"这个名字。我其实并没有漂亮的脸蛋,大概是父母希望我虽然外表不美丽,但不要放弃对一切美好事物的追求吧。

我叫李小华,木子李,大小的小,中华的华。都是几个最简单的字,就如我本人,简简单单,但简单不等于没有追求,相反,在追求理想的路上我快乐地生活着。

风趣地说:"大家都很熟悉《红楼梦》里多愁善感的林黛玉吧,那么就请记住我,我是新时代的黛玉,叫代玉,我是黛玉的对面,因为我天生快乐。"

利用和名人的名字相近的方式来幽默地介绍自己的名字，注意所选的名人是大家都熟悉的，否则就收不到幽默效果。

2. **利用谐音式幽默**。朱伟慧在一次自我介绍中这样幽默地说："我的名字读起来像'居委会'，正因为如此，大家尽可以把我当成居委会，有困难的时候来反映反映，本居委会力争为大家解决问题。"听到这样的介绍，大家忍俊不禁。

3. **姓名来源式幽默**。陈子健幽默自白道："我还未出生的时候，这个名字就在我父亲的心中了。据说他很喜欢这样一句古语，'天行健，君子以自强不息'，于是毫不犹豫地给我取了这个名字，希望我像君子一样自强不息。没办法，父母之命不敢不从，何况刚出生的我还没有能力来修改自己的名字呢。"

4. **调换词序式幽默**。周非在自我介绍的时候，经常调换词序，他这样跟人家介绍："把'非洲'倒过来读就是我的名字——周非，所以知道非洲的你们也同样明白我的存在。"

5. **摘引式幽默**。任丽群同学可谓是摘引式幽默的高手，她经常让陌生人过目不忘的原因不在于她独特的外表，而是在于她幽默的生活姿态。她在自我介绍时幽默地说："大家都知道'鹤立（丽）鸡群'这个成语，我是人（任），更希望出类拔萃，所以我叫任丽群。"

幽默、风趣的自我介绍，想不要引起他人的注意都很难。总之，自我介绍有很大的发挥空间，我们应该想方设法把它丰富起来，不要放过任何一个吸引人们注意力的机会。

含蓄说话：幽默胜过千呼万唤

1890年，作家马克·吐温和一些社会名流参加道奇夫人的家宴。不一会儿，就出现了大型宴会上经常发生的情况：人人都在跟旁边的人谈话，而且在同一时间讲话，慢慢地，大家便把嗓音越提越高，拼命想让对方听见。

马克·吐温觉得这样有伤大雅，太不文明了。而如果这一时间突然大叫一声，让大家都安静下来，其结果肯定会惹人生气，甚至闹得不欢而散。怎么办呢？

马克·吐温心生一计。他对邻座的一位太太说："我要让这种吵闹静下来，只有一个法子。您把头歪到我这边来，装成对我讲的话非常好奇的样子，我就这样低声说话。这样，旁边的人因为听不到我说的话，就会想听我说的话。

"我们只要嘀嘀咕咕一阵子，你就会看到，大声说话的人会一个个停下来，最后，除了我嘀嘀咕咕的声音外，其他什么声音都没有。"

接着，他就低声讲了起来："11年前，我到芝加哥去参加欢迎格兰特的庆祝活动时，第一天晚上举行了盛大的宴会，到场的退伍军人有600多人。

"坐在我旁边的是××先生，他的听力不太好，也有一些特别的习惯，不会好好说话，而是大声地吼叫。他有时候手拿刀叉沉思五六分钟，然后突然一声吼叫，会吓你一跳。"

说到这里，道奇夫人那边桌子上闹哄哄的声音小了很多。然后寂静沿着长桌，一对对蔓延开来，马克·吐温用更轻的声

用幽默的语言提出自己的意见

说动别人，有时候不是因为你的道理有多么正确，而是取决于你用什么样的方法去表达。含蓄的幽默，将会让你在交际场合屡试不爽。含蓄，让别人读到了你的明智；幽默，让他人赞叹你的乐观人格。

> 据说彭祖活了八百岁，如果真像皇上刚才说的，那他的"人中"就有八寸长，那么，他的脸不是有一丈来长吗？

> 相书上说，一个人鼻子下面的"人中"越长，命就越长；"人中"长一寸，能活百岁。不知是真是假？

用幽默的方法去间接指出他人的荒唐，会使他人愉快地接受批评。因为这样的批评能让他人在不伤自尊的情况下，明白自己的错误。

音一本正经地讲下去："在××先生不作声时，坐在我对面的一个人对他邻座讲的事快讲完了……说时迟那时快，他一把揪住她的长头发，她尖声地叫唤，哀求着，他把她的领子按在他的膝盖上，然后用刺刀猛然一划……"

到这时候，马克·吐温的玩笑已经达到了目的，餐厅里一片寂静。马克·吐温见时机已到，便开口说明他玩这个游戏是希望大家把教训记在心头——不要一群人同时大声讲话，应该让一个人讲话，其余的人好好听着。大家听了，哄堂大笑，只是每个人脸上的表情都有些尴尬。

任何时候给他人提意见都不是一件轻松的事情，从出发点来看，提意见是出于好心，但如果不小心就会给他人造成不快，尤其是在公众的社交场合。如果能把心直口快变成幽默机智，既能够表达自己的意见，又使对方在笑声中认识错误，听取你的意见。

淡化冲突：用幽默融化交际之冰

社交过程中，并不总是一帆风顺，当你在公众交往中遇到了让自己尴尬、让他人尴尬、让自己为难、让他人为难的境况时，不要着急摆脱，学会运用幽默的智慧将谈话的感情色彩淡化，才能将交际之冰巧妙融化。

在纽约国际笔会第 48 届年会上，轮到陆文夫发言。面对来自世界 40 多个国家的 600 多位代表，他不慌不忙，侃侃而谈。

有人问："陆先生，您对性文学怎么看？"这是一个尖锐的问题，回答不好就会牵出不同国家的文化冲突问题。

陆文夫清了清嗓子，风度翩翩地说："西方朋友接受一盒礼

> **翩翩风度征服人心**
>
> 社交需要幽默的口才与智慧,更需要用力维护好自己的尊严,有些幽默方法可以保护自己的尊严,其重要性不言自明。
>
> 这位先生,我马上就要谈到你提出的环境脏乱差的问题了。
>
> 你讲的是垃圾!
>
> 有尊严的幽默是一种自我保护的软实力,巧妙地找到了维护尊严的方式。幽默代表缓和,却表达出并不幽默的强硬。

品时,往往当着对方的面就打开看看,而中国人恰恰相反,一般都要等客人离开以后才打开盒子。"

听众席里发出会意的笑声。陆文夫面对难以回答的问题,别出心裁,用一个充满睿智和幽默感的生动比喻,把一个敏感棘手的难题解答得既简练通俗又含蓄精辟。凭借诙谐的语气表示自己对文化差异的认同,淡化了感情色彩。

无独有偶，英国前首相丘吉尔也曾经在公众场合遭遇了尴尬。但是，他没有被突如其来的嘲笑所吓倒，因为幽默的智慧远远胜过嘲笑的挑衅。

丘吉尔在执政的最后一年，出席一个政府举办的仪式。在他身后不远处有几位绅士窃窃私语："你看，那不是丘吉尔吗？"

"人家说他现在已经开始老朽了。"

"还有人说他就要下台了，要把他的位子让给精力更充沛更有能力的人了。"

当这个仪式结束的时候，丘吉尔转过头来，对这几位绅士煞有介事地说："唉，先生们，我还听说他的耳朵近来也不好用了。"

丘吉尔知道，自尊自爱是要以适当方式来表达自己的思想感情，他这里的幽默一语，既淡化了感情色彩，给自己解了围，表达了不满，又使那些绅士自讨没趣。

社交场合中碰到别人的不恭言行，不能发作，但憋在心里也不好受。海明威说："告诉他你不高兴，但在话语中别出现'不高兴'这个词。"把表示不满的语言用幽默的语言掩饰一下，让对方知道你不高兴，不至于破坏友好气氛，是个不错的方式。

淡定一笑：面对嘲笑，多一点雅量

在社交中，受到他人的称赞与尊重固然是值得高兴与欣慰的事情，但毕竟一个人的言行举止不可能满足所有人的"口味"。因此，人在日常生活中受到一部分人尊重的同时，难免会受到另一部分人的嘲笑。当友善的自己遇到他人的嘲笑时，不妨多点幽默的雅量来面对。幽默会让你看淡他人的无礼，看重自己的人格提升。

美国前总统福特在大学里是一名橄榄球运动员，体质非常好，所以他在62岁入主白宫时，仍然非常挺拔结实。当了总统以后，他仍坚持滑雪、打高尔夫球和网球这几项运动。

1975年5月，他到奥地利访问，当飞机抵达萨尔茨堡，他走下舷梯时，他的皮鞋碰到一个隆起的地方，脚一滑跌倒在跑道上。他站起来，没有受伤，但使他惊奇的是，记者们竟把他这次跌倒当成一项大新闻，大肆渲染起来。同一天，他在被雨淋湿了的长梯上滑倒了两次，险些跌下来。随即一个说法散播开了：福特总统笨手笨脚，行动不灵敏。自此以后，福特每次摔跤或者撞伤头部或者跌倒在雪地上，记者们总是添油加醋地把消息向全世界报道。后来，竟然反过来，他不摔跤也变成新闻了。哥伦比亚广播公司曾这样报道说："我一直在等待着总统撞伤头部，或者扭伤胫骨，或者受点轻伤之类的新闻来吸引读者。"记者们如此渲染似乎想给人形成一种印象：福特总统是个行动笨拙的人。电视节目主持人还在电视中和福特总统开玩笑，喜剧演员切维·蔡斯甚至在"星期六现场直播"节目里模仿总统滑倒和摔跤的动作。

福特的新闻秘书朗·聂森对此提出抗议，他对记者们说："总统是健康而且优雅的，他可以说是我们能记得起的总统中身

玩笑自嘲：用谦逊赢得影响力

人们总抱怨说幽默很难，其实幽默很容易，只要你学会适当嘲讽自己，你天天都是幽默的。开个玩笑自嘲一下，没有人会笑你傻，真正傻的人是不懂自嘲的"聪明人"。

如果你吃了一个鸡蛋感觉很美味，又何必非要认识那只下蛋的母鸡呢？

我看过您的很多书，非常崇拜您，可不可以认识一下？

一个懂得自嘲幽默的人必定是一个社交高手，自嘲可以巧妙地把陷自己于不利的因素，用一种荒诞的逻辑扭转成有利因素，将自己从困境中解脱出来。

体最为健壮的一位。"

"我是一个活动家，"福特幽默道，"活动家比任何人都容易摔跤。"他对别人的玩笑总是一笑了之。1976年3月，他在华盛顿广播电视记者协会年会上和切维·蔡斯同台表演过。节目开始，蔡斯先出场。当乐队奏起"向总统致敬"的乐曲时，他"绊"了一脚,跌倒在歌舞厅的地板上,从一端滑到另一端,头部撞到讲台上。此时,每个到场的人都捧腹大笑,福特也跟着笑了。

当轮到福特出场时,蔡斯站了起来,伴装被餐桌布缠住了,弄得碟子和银餐具纷纷落地。蔡斯装出要把演讲稿放在乐队指挥台上,可一不留心,稿纸掉了,撒得满地都是。众人哄堂大笑,福特却满不在乎地说:"蔡斯先生,你是个非常、非常滑稽的演员。"

面对嘲笑,最忌讳的做法是勃然大怒,大骂一通,其结果只会让嘲笑之声越来越强烈。要让嘲笑自然平息,最好的办法是运用幽默的姿态一笑了之。一个有幽默感的人,不会去考虑别人多余的想法,而是有风度、有气概地接受一切非难与嘲笑。

生日致辞,幽默来贺

每个人都会过生日,有些时候我们会邀请一些亲朋好友一起庆贺自己的成长,生日宴会往往具有热烈的氛围与欢闹的言谈,幽默在这种场合中是最具有感染力的语言。但是生日宴会上的幽默交谈、致辞要根据年龄的不同而各有差异,用词用语要适当。

生日祝辞,也就是来宾对过生日的人所说的祝语。祝语要根据"寿星"的年龄来选择适当的话,更要符合说话人的身份。对于长辈多半以祝福为主,而对待同辈和晚辈则要以勉励为主。

按年龄来说,如果是10岁以下孩子过生日,一般要包括对孩子的表扬和肯定,鼓励孩子并提出希望,最后祝福孩子并表达

生日祝辞要温馨幽默

> 你的生日又这样悄然而至了,祝你生日快乐!

生日致辞要符合主题,对过生日之人表达发自内心的祝福。如又是一年生日时,一句祝福送给你:愿好事追着你,公司重视你,疾病躲着你,爱人深爱你,痛苦远离你,开心跟着你,万事顺着你!

出自己对孩子的爱,可以说"祝福可爱的小宝贝健康成长"等。

对18岁以下的少年,祝福语应该偏重于学业,祝福其学业有成,取得进步之类的。

对已成年的青年,对他们的生日祝语则偏重于希望其能够实现自己的志向,找到好的工作,等等。

对于中年人,在生日聚会上要祝福其事业有成、儿女聪颖可爱、家庭美满、身体健康等。

对于老年人,要格外重视。一是因为老年人祝寿的讲究多;二是老年人对于自己的生日格外重视,所以要谨言慎行。应该根据老人的年龄和性别来做相应的变动。对于年长的男寿星多用"松柏""北斗""泰山""南山"等，来表现男性的坚韧和刚强；对于女性则多用"瑶池""王母""萱草"等来赞扬其柔美温和。

以为自己的双亲过生日为例，在祝辞中既要表现出对父母的感激之情，又要表现出自己对父母的爱和理解，更要表现出对父母的祝福。如果是关系非常好的朋友过生日，致辞的风格当然需要幽默这位喜庆"朋友"的助阵，可以选择这样开场：

我在天空写下祝你生日快乐，却被风儿带走了；在沙滩写下祝你生日快乐，却被浪花带走了。

知道你明天就要过生日了，到底想要什么礼物呢？想要什么礼物尽管说，快说呀，快说呀……话已经说完，时效已过。

现在的生日不送礼，让我把祝福送给你，如果你嫌礼不重，再把我也往上凑。祝你生日快乐，长命百岁！

| Part5 |
沟通幽默——寓庄于谐，更易成功

善用微笑为幽默的气场加分

有人对幽默中的微笑这样评价：真正的幽默很多源自真诚的热情而少出于理智的思考，幽默不是鄙夷，不是出现在哄笑里，它的真义在于爱，出现在安详的微笑里。

微笑可以以柔克刚，以静制动，沟通情感，融洽气氛，缓解矛盾，消融"坚冰"，为幽默表达的成功打下良好的基础，是善意的标志、友好的使者、成功的桥梁。服务行业的老板有一个共识：宁肯雇用一个小学还没毕业的女职工——如果她能随时绽放出可爱的微笑，而不愿雇用一位面孔冷漠的哲学博士。这话有些极端，然而却道出了其中的奥妙。

小明和朋友搭出租车去一个不太熟悉的地方。一路上，他们和司机有说有笑。但不知为什么，车开出不久就连续遇到五六个红灯。眼看快到了路口，又碰到一个红灯。朋友随口嘟囔着："真倒霉！一路都碰到红灯，就差那么一步。"听到朋友的话后，司机转过头，露出一个很豁达的笑容，说："不倒霉！世界很公平，等绿灯亮时，我们总是第一个走！"

司机简单的一个笑容，简短的一句话，让乘客们感动。快乐其实很简单，快乐就产生于我们看待同一件事情的不同角度。学会以笑待人，我们将会在充满美好的世界中，遇见心想事成的自己。

发自内心的微笑是人们美好心灵的外现，是幽默的涵养；也是心地善良、待人友好的表露；是一个人有文化、有风度的具体体现。做说服人的工作，比如参加辩论和谈判，首先要打动他人的心；而动其心者莫先乎情，表情中最能赢得人心的是微笑。发自内心、表达真情实感的微笑，是取得说服效应的"心理武器"，也是辩论和谈判取得成功的秘诀之一。

既然在日常的交谈、辩论、演讲中，微笑有众多的效用，那么微笑训练便成为必要项目。微笑训练有哪些技术上的要求呢？这里介绍一个小诀窍，是由我国电影表演艺术家孙道临总结出来的，他说你只要说一声"茄子"就行了。

幽默道歉，谅解会不请自来

几乎对所有人来说，道歉都不是一件很轻松的事，道歉会让大家感觉到难为情。但是，如果做错了事，就要请求他人的原谅。道歉也是一门很有学问的艺术。学会幽默，道歉也会变得容易，而没有我们想象中那么难以启齿了。试着幽默地表达自己的歉意，这不仅不会让我们觉得没有"面子"，还可以很好地化解难题。

夫妻之间，发生争吵的事情犹如家常便饭。这不，老孙又跟妻子吵架了，他们相互赌气，一连好几天都互不理睬。老孙就想，自己作为男子汉大丈夫，和老婆计较显得太不大度，于是，他想了一个办法，便让他们夫妻轻松地和好如初了。

这天晚上，在睡觉之前，老孙在床头柜子放了一张字条，上面写着："孩子他妈，明天，请在早上6点钟叫醒我，我有急事需要处理。孩子他爸。"

第二天早上，老孙一觉醒来，发现已经7点了，当时他就想，妻子没有叫醒我，难道她还没有原谅我的意思吗？正要生气，却看到床头柜上有张字条，上面写着："孩子他爸，快醒醒，已经6点整了。孩子他妈。"看到这个条子，老孙再也气不起来了，不禁笑出声来。拿着这张字条跑到妻子面前，没想到妻子也笑了。

直白的道歉可以有立竿见影的效果，幽默含蓄的道歉方式同样可以赢得对方的欣赏和认同。老孙和妻子之间这种无声的道歉方式实在是非常高明。以幽默的情景喜剧来代替干瘪乏味的语言，解决日常生活中的分歧，最后肯定会皆大欢喜。

马先生在外忙着做生意，所以经常会忘记老婆的生日。他老婆为此跟他有过好几次不愉快，所以马先生便向老婆保证，说以后一定记得她的生日，会给她庆祝。但不巧的是，他老婆今年的生日，他又忘掉了，生日过了三天他才想起来。虽然如此，他还是给老婆买了一份精美的礼物，然后送到他老婆的面前，说："亲爱的老婆大人，你的样子真是太年轻了，我都没能反应过来你又长了一岁。这也难怪我没有记住你的生日。"本来马太太还一直对这件事情耿耿于怀，但是看到丈夫为自己选了礼物，并且还说了一句这么贴心的话，就没有了脾气，也忘记了丈夫犯的过错。

马先生在弥补自己过失、给老婆道歉的同时，幽默地声称是因为自己没有察觉到老婆已经老了一岁，因为自己的老婆看起来依旧那么年轻，所以才会忘记她的生日。马先生如此巧妙幽默地借机称赞老婆年轻貌美，这样的道歉，即使是再生气的老婆也会无力拒绝。

如果你正为自己做错了事而烦恼，想着要如何向对方道歉的话，那就尝试着施展一下自己的幽默魅力吧。对掌握幽默本事的人来说，道歉并不是一件难事。

活学活用的灵性让情感升级

人的一生，都是在不停学习。这个学习包括两个方面，第一种是学习文化知识，如学生们每天坐在教室里听老师讲课；另一种则是在实践中学习，学习各种技术技巧。学习的效果也可以分成两种，一种是潜移默化的，另一种就是立竿见影式的——我们把后一种叫作活学活用。在做事的幽默技巧中也有一种方式叫作活学活用式幽默。

活学活用式幽默是指在学习别人"笑果"明显的做法时，

以谬还谬的活学活用

活学活用式幽默同别的幽默技巧，如以谬还谬、仿造仿拟式幽默有共通相似的地方，但也有不同的地方。

> 请给我几滴血吧，我要把您的血输到我球队的中锋身上，这样会大大增强他们比赛的意志。

> 先生您能不能送我几滴血呢？那样就能大大增加我的财气啦！

活学活用式幽默，其关键的地方是要尽快学习掌握对方表达的方式方法，深刻地理解对方的意图。然后就是马上学以致用，将学到的方式方法尽快投入交流实践。

在使用过程中，要注意巧妙地置换条件，否则按照正常的方式去理解，可能就没有幽默可讲了。幽默的力量只有突破常规才能显示出来。

立刻理解并掌握别人的方法，然后将这种方法运用到自己的实践中，即当时学习，马上应用。

一次，小王向邻居借了 500 元钱，借钱的时候，说好一个月后归还。一个月后，邻居向他要钱，他故作惊讶地说："我没有借你的钱呀！"邻居看了看他说："你忘了吗？就在上个月的时候，你向我借的。"

小王故作惊讶地说："对，上个月我的确借了你的钱，但是，你应该知道，哲学上讲'一切皆流，一切皆变'。现在的我已不是上个月向你借钱的我了，你怎么能叫现在的我为过去的我还钱呢？"

邻居气得一时无言以对，他回到家里，想了一会儿，拿了一根木棍，跑到小王家里狠狠地把小王痛打了一顿。小王抱着头气势汹汹地叫道："你打人了，我要到派出所去告你，等着瞧吧。"邻居放下木棍，笑嘻嘻地对小王说："你去告吧，你刚才不是说'一切皆流，一切皆变'吗？现在的我，早已不是刚才打你的我了，你要真想去告，就告那个刚才打你的那个我吧。"小王听了，无话可说，只好自认倒霉了。

一个吝啬的老板叫仆人去买酒，却没有给他钱，仆人问："没有钱怎么买酒？"老板说："用钱去买酒，这是谁都能办到的，如果不花钱就能买到酒，那才是有能耐的人。"一会儿，仆人提着空瓶回来了。老板十分恼火，责骂道："你让我喝什么？"仆人不慌不忙地回答："从有酒的瓶里喝到酒，这是谁都能办到的。如果能从空瓶里喝到酒，那才是真正有能耐的人。"

不花钱买酒与空瓶里喝酒一类比，其内在就出现了针锋相对的矛盾，谐趣顿生。这种"现学现卖"表现了仆人的智慧。

顺势而语，幽默表达巧做事

罗斯是闻名世界的大化学家、百万富翁。他买了很多精美绝伦的世界名画和珍贵文物，并将这些价值昂贵的东西放置在宽敞的客厅里，供客人欣赏。一个小偷得知此事后，便想去偷几件卖掉。

一天深夜，他悄悄潜入罗斯家中，发现室内无人，就大胆地摘下了一幅价值20多万美元的名画，并抱起桌上的一件文物，正欲溜出门去。这时，一瓶酒吸引了小偷的注意，只见酒液清碧，仿佛散发出阵阵扑鼻的酒香。这个小偷爱酒如命，马上拧开酒瓶盖，仰起脖子大口大口地喝了起来。忽然门外传来了脚步声，小偷马上放下酒瓶，夺路而逃。

警察在屋里没有发现罪犯的任何痕迹。这时罗斯的仆人说，放在客厅里的酒少了半瓶，一定是那个窃贼贪杯，喝了几口。警长乔尼听后心生一计，吩咐罗斯马上写一份声明，在第二天的早报上登出。第二天，窃贼竟然主动来敲罗斯家的门，躲在屋内的警察马上冲出去抓住了窃贼。

罗斯登报声明写了什么内容，竟使小偷自投罗网？声明内容如下："我是化学家罗斯。今天回家，我发现家中桌子上绿色酒瓶里的液体被人喝了几口。那不是酒，而是有毒液体。谁喝了快到我家服解药，否则两天内必有生命危险。请读者阅后相互转告。万分感谢！"

顺势而语是一种机智，"解药"成了一种巨大的诱惑，警长让罗斯幽默地把酒说成是毒药,造成窃贼的心理恐惧,以至于回到罗斯那里寻找所谓的"解药",使窃贼自投罗网。乔尼警长抓住了很多人惜命胜于惜财的特点,迅速找到了解决问题的方法。

舞台上,在"击毙"敌人的一刹那,手枪竟没有响。再次射击时,仍没有声音。台下的观众哗然。演员一时不知所措,他慌乱地抬起脚,朝敌人狠狠踢去。扮演敌人的演员很幽默,只见他慢慢地倒在了地上,然后吃力地抬起了头,用微弱的声音说:"你的靴子,原来有毒!我,我真的不行了……"

观众们一阵大笑,最后演出取得了圆满成功。如果没有那位演员的幽默应变,说不定就会遭遇冷场的尴尬,幽默智慧让事情可以在出现意外时得以"化险为夷"。

直意曲说,圆融幽默易成事

圆融幽默是一种姿态,一种生存的韧性。圆融之人如"水",遇山水转,遇石水转,以"天下之至柔,驰骋天下之至坚"。灵活处世,不拘于形,因机而动,因势而变的运行姿态是圆融的最好诠释。幽默机智的力量正是能够让你不断改变行事风格和处世策略,让你在整个交际沟通中游刃有余。

约翰·辛格·萨金特是美国画家,在一次晚宴上,萨金特发现自己身边坐着一位热情洋溢的女粉丝。"哦,萨金特先生,

幽默"装傻"与因势利导的应变

经理,我知道您的秘书刚意外去世,我提出这样的要求不好,但是我希望能替代她的位置。

好吧,要是殡仪馆同意,我本人完全赞同你去殡仪馆替代她的位置。

在一些争论场合,应该时刻注意周围群众的情绪,尽量调动群众来支持自己的正当的观点,巧妙地"因势利导,诱敌深入",寻找一个突破口,借助群众的力量,给对手精神重压,使之无回击之力。

你的剧本糟透了,谁要看?收回去,停演吧!

我完全同意你的意见。但是,这么多观众用真金白银向你投出了反对票。

前两天我看到您最近的一幅作品，忍不住吻了画上的人，因为那人看上去太像您了。"她动情地告诉萨金特。

"那么，它回吻了您吗？"萨金特幽默地问。

"什么？它当然不会。"女粉丝干脆地说。

"这么说，它一点儿也不像我。"萨金特大笑了起来。

有效的幽默需要通俗易懂

幽默需要给他人带去欢乐，需要将自己与他人之间的纽带和谐地联结。有效的幽默语言往往是通俗易懂的语言。如果你说一些令人费解的话语，幽默此时只有一个可怜的效果——让他人莫名其妙。

> 荷薪者过来！其价几何？外实而内虚，烟多而焰少，请损之。

> 不卖了，不卖了，你说的什么啊，我都听不懂！

所谓弹琴看听众，幽默看对象。体现语言的幽默效果时要意识到自己是讲给哪类听众听的。如果他们不是专家学者，就必须使用浅显、平易近人、朴实的语言，让自己的谈吐适应他们的水平，当然绝不能出现"之乎者也"。

萨金特并没有对女粉丝的告白直接表达自己的看法，而是委婉地通过画像，表达了自己对粉丝的态度。圆融的幽默，既保留了他人的情面，也提升了自己的人格魅力。

懂得幽默说话的人往往会这样不动声色地让对方自己识趣，有时遇到意外情况使对方陷入尴尬境地，外圆内方的人在给对方提供"台阶"的同时，往往会采取某些妥善措施，及时用幽默的语言保护对方的尊严，使对方感激不尽。

如果直来直去不容易达成做事情的目的，就要学会幽默拐弯。直线像一把利刃，虽然锋利但难免伤人伤己；曲线像一个圆，虽然线条长但往往能如我们所愿。幽默说话的道理亦如此。

以幽默为武器，变意外为常态

生活与工作中，时时处处充满了意外，这些意外或许会让你感到惊喜，也或许会让你充满尴尬与无奈。懂得幽默说话的人，都拥有一种脱俗超群的应变处理能力，对于突如其来的事情能够淡定自若、坦然处理。

陈毅元帅谈吐机敏而风趣。他讲话时常不用稿子，却能深入浅出，令人折服。一次会议上，陈毅拿着"发言稿"登台讲话，还不时瞧瞧。大家用心听着，一字不肯放过，洪亮的声音不时被热烈的掌声打断，会后有人发现那份"发言稿"原来是张白纸。人们问他："您怎么用白纸做发言稿啊？"他幽默地回答："不用稿子，人们会说我不严肃，在这信口开河呢。"

幽默感强的人，往往具有灵活的思维与独特的思考方式，通常能够对人和事物具有与众不同的见地，进而能够在与他人相处中体察他人的喜好与需求，尽情展现自己洒脱的一面。他们因为幽默而受到更多人的喜欢，也因此能够利用幽默的说话技巧来办好难办的事情。

德意志帝国第一任首相奥托·冯·俾斯麦，是一位幽默的人。他也非常擅用幽默的表达技巧，多次解决一些棘手问题。

有一次，俾斯麦和一位朋友一起打猎时，他的朋友不小心陷入流沙中不能自拔。听到求救的声音，俾斯麦赶紧跑过来，可是他不仅不救他，反而还说："虽然我很想救你，可是那样我也会被拖入流沙中，所以我不能救你。但我又不忍心看你这样挣扎，最好的办法是让你死得痛快些。"俾斯麦说完便举起猎枪。他的朋友因为不想被枪打死，便拼命往处爬。结果终于爬出流沙，其实这正是俾斯麦的希望所在。

俾斯麦做军官时，寄宿在一个非常吝啬的德国人家中。有一天，他要求在他房间里装设一个电铃，以便在召唤部下时不用大声喊叫。可是，主人毫不客气地一口回绝了，于是俾斯麦不再说话。当天黄昏，从俾斯麦的房间里突然传出几声枪响。主人吓了一跳，以为发生了什么事，当即跑进俾斯麦的房间，当他看到俾斯麦表情沉着地坐在书桌前工作时，比先前更为惊讶了。他指着放在书桌上，枪口还冒着烟的手枪问："到底怎么回事？"俾斯麦坦然回答："没什么，我只是在和部下联络罢了！"翌日早晨，他的房间便装上了电铃。

俾斯麦的幽默体现为临危不惧的大智大勇、面对生活中小麻烦的机警灵活,让他解救了流沙中的朋友,征服了吝啬之人的小气,办好了很难办到的事情。

幽默不只是听一听笑话,放声一笑而已。幽默的伟大在于能够以最快捷、最有效的方式化解我们在生活中遇到的各种意外情况。可以这样说,有幽默存在的地方就有坦然的洒脱。

让脑子转个弯儿来补救失言

"人有失足,马有失蹄",在现实生活中,即使辩才如张仪,也难免会陷入词不达意的尴尬,更不用说偶尔头脑发昏,举止失当,做出莫名其妙的蠢事。虽然个中原因不同,但后果却相似:贻笑大方或引起纠纷,有时甚至一发不可收拾。这种时候,你得让脑子转个弯儿,巧用幽默思维以化解纠纷。

美国前国务卿基辛格是一位成功的外交家,一次,他在接受意大利女记者法拉奇的采访,说起自己成功的外交策略时,竟夸口说道:"美国人崇尚只身闯荡的西部牛仔精神,而单枪匹马向来是我的作风,或者说是我技能的一部分。"此番话一经报纸发表,马上引起轩然大波,连一贯赞赏基辛格的人们也不满于他好大喜功的轻率言论。然而,基辛格毕竟是基辛格,他不但沉住了气,还主动接受很多报纸的采访并乘机声明:"当初接受法拉奇的采访是我平生最愚蠢的一件事,她曲解了我的话,我周围的同事都是勇敢的牛仔,每个人都能独当一面。"

基辛格与记者的话，究竟谁真谁假，让外人一下子丈二和尚摸不着头脑。这便是一种转移别人注意力的幽默方法。它可以减轻失误的严重性，但在一般情况下，应用此法应该谨慎，因为它实际上是委过于人，不到万不得已最好少用，以免损失自己的声誉，失去他人的信任。

摆脱两难问题的幽默法

"两难"问题就是不论你回答"是"或"否"都可能给你带来麻烦的问题。回答这类问题最需用心，最需要幽默而机智的口才技巧。

> 请问，您喜欢中国人，还是美国人？

> 不管是中国人还是美国人，只要是喜欢我的人，我都喜欢。

针对两难问题，无论选择哪一个答案都可能会让你遭到质疑，不要直接做出选择，而是要运用一些模糊化语言，这不仅给对方留了情面，也为自己保全了气度。

从前,有一个云游天下的僧人,很有智慧。一次,他来到一个地方,听说前方有一户人家,从来不许外人借宿,他决定去借宿一夜。

天黑下来以后,这个游僧就走进了这户人家。这时,他突然变成了一个"聋子"。在互相致意之后,主人急忙给他烧了茶,招待他吃了饭,然后打着手势对他说:"吃了饭早点动身吧,我们家里是不能过夜的。"

游僧佯装不懂,只是瞪大眼睛看。主人用手指指门,再次请他出去。

"好,好。"游僧好像懂了。一边说着,一边大步走到门外,把包裹拖了进来,放在西北角的柜子前。

主人又做了一个背上包裹快走的手势。游僧立即跳了起来,举起包裹放在柜子上面,嘴上说:"这倒也是,不能放在地上,里面可全是经书啊!"

主人又反复比画,请他尽快走,他却点点头,说:"没有小孩好,不会乱拿东西。我把两根木棍插在捆包裹的粗绳上了。"人家说东,他就说西,弄得主人哭笑不得,最后没办法,只得留他过了一夜。

很多情况下,如果据理力争不成功,可以试试反向思维,用"装聋作哑"去化解异议、转移话题,让他人无法推辞,从而达到自己的目标。

时常让自己的思维转个弯,借助幽默的精髓补救失言的无奈。将自己说过的"错话"添文减字,让意思改变,是幽默改口的另一个招数；抑或将自己的意愿通过另一种语言方式委婉地表达出来，就会更加容易被人接受。

幽默做事情，保全他人面子

每个人都有一道最后的心理防线，一旦我们不给他人退路，不让他人下台阶，他只好使出最后一招——自卫。因此，当我们处事待人时，应谨记一条原则：在不违反原则的基础上别让人下不了台阶。之所以提倡幽默做事，原因正在于此。幽默做事可以在保全他人面子的同时，实现自己的办事目的。

一句或两句体谅的话，对他人态度宽容，这些都可以减少对别人的伤害，保住他的面子。假如我们是对的，别人是错的，我们也会因为让别人丢脸而伤害了他的自尊。法国飞行员、作家安托万·德·圣-埃克苏佩里说："我没有权利去做或说任何事，以贬低一个人的自尊。重要的并不是我觉得他怎么样，而是他觉得自己如何，伤害他人的自尊是一种罪行。"幽默做事贯穿的原则就是豁达、大度，为别人留下一丝情面。

海涅经常收到许多朋友寄来的诗稿。有一次，他收到一份邮资到付的稿件。拆开一看，里面一首诗也没有，只有一捆稿纸，并附有一张小纸条，上面写着："亲爱的海涅，我健康而快活，衷心地致以问候，你的梅厄。"

海涅手里拿着纸条，猜不透这位朋友的用意。几天以后，梅厄也收到了一个邮资到付的沉重邮包。他打开一看，竟是一块大石头，还有一张便笺，上面幽默地写道："亲爱的梅厄，看了你的信，我心里的这块石头才落了地，我把它寄给你，以纪念我对你的爱。"

海涅以彼之道还施彼身，用对方的方式来启发对方，让对方认识到自己的行为有失妥当，不必用言语让对方难堪，反而因此保全了双方的面子。这正是幽默做事的内涵所在。

即使对方犯错，而我们是对的，如果没有为别人留一个台阶，就可能会让对方觉得颜面顿失，同时失去自己的一个朋友。因此，你要说服他人就应该遵循这一原则：帮助别人认识并改正错误，幽默地说话，保全他们的面子。

幽默沟通中的间接批评方法

张三在深圳一家大型合资企业工作，他经常在上班时间去理发店或外出买东西，这是违反公司规定的。公司经理知道后，决定抓他一次，狠狠批评他。

这一天，当张三正在理发店理发时，公司经理也来到店里。张三看见经理，急忙低下头，挡住自己的脸，想躲过经理。可是经理站在他旁边的位置上，把他叫出来。

"喂，张三，"经理说，"你怎么在上班时间理发？"

"是这样的，经理。"张三说，"您看，我的头发是在上班时间长的。"

"不完全是，"经理马上说，"有些是在你下班时间长的。"

"是的，经理，您说得对。"张三礼貌地回答，"但是，我现在只剪上班时长的那部分。"

经理听了不禁笑了起来,也忘了指责张三了。

张三在上班时间理发是不对的,在正常情况下,经理必定会批评他,甚至对他产生不好的印象。但经过张三这么幽默地一说,经理与他的误会顿时化解了,而且他们之间的关系也可能会融洽起来。无论是经理还是张三,他们都属于懂幽默会说玩笑话的人,经理对张三在上班时间理发并没有采取直接的批评方式,而是巧借"有些是在你下班时间长的"这一幽默表述来婉言批评张三的不对,张三则借助经理的幽默顺势说下去,带给了经理"笑"点,让经理的不满自动消失无影踪。

幽默沟通中的间接批评,让他人容易接受,也让自己少生闷气。

在旅途中,大巴车司机并没有专心开车,他用一只手握着方向盘,却把另一只手伸出车外,还把车开得很快。车中有位老婆婆对此很紧张,但是她没有直接批评司机开车太不专心,她是这样说的:"小伙子,你们这个地方下雨挺多吧?"

"那是当然了,这里的天就像孩子的脸一样,说变就变啊。"司机师傅悠然地回答。

"哎呀,我说你怎么总是喜欢把手放在窗外呢,看来是帮我们感知气温呢,放心吧小伙子,你专心开车,我帮你盯着天呢。"

"哈哈,您说得对!"

老婆婆的幽默批评把司机说得笑了起来,也赶紧将放在窗外的手收了回来。老婆婆明明知道司机只用一只手开车是很危险的,却幽默地将自己的意见用"天气多变"来暗示司机的不妥之处。老婆婆巧用这种知其非而不言其非的做法,不仅给司机留了面子,消除了情绪上的对立,还通过误会将笑料制造了出来,给他人和自己带来了心情的愉悦。因此,在为人处世中,不妨多体会一下别人的感受,当你批评他人的时候最好不要生硬地将自己的不满直接表达出来。

丢了面子时,学会幽默挽回

当你不小心触及他人的自尊或隐私问题,或者自己的面子遭受外来嘲笑的时候,应该怎样应对呢?答案是,不要硬对硬,要懂得巧妙地运用幽默语言,挽回颜面。

剧作家萧伯纳个子长得很高,可瘦得却像一片芦苇叶,而作家切斯特顿既高大又壮实。他们两人站在一起对比特别鲜明。有一次,萧伯纳想拿切斯特顿的胖开玩笑,便对他说:"要是我像你那么胖,我就会去上吊。"切斯特顿笑了笑说:"要是我想去上吊,准用你做上吊的绳子"

切斯特顿这一巧妙的揶揄,既让萧伯纳感到了自己的失言,又让自己的智慧在人前闪光。按照字典的解释,揶揄是一种嘲笑,而充满语言艺术的揶揄应当说是一种运用语言的技巧。

童话作家安徒生有一次在大街上行走的时候,突然遭遇了他人的嘲笑,安徒生的幽默应答让奚落他的人自惭形秽。

由于安徒生平时生活很俭朴,常常戴着破旧的帽子上街。

突然有个路人嘲笑他:"你脑袋上边的那个玩意儿是什么?能算是帽子吗?"

安徒生幽默回敬道:"你帽子下边的那个玩意儿是什么?能算是脑袋吗?"

安徒生巧妙地以其人之道还治其人之身,用同样的讽刺还击了那个路人,虽然讽刺性很强,却表达间接而诙谐,甚至在路人不太尊重自己的情况下,也考虑到他的面子。

幽默的妙答常常使你在身处尴尬的时候柳暗花明,享受由窘迫到会心一笑的喜悦。生活中如果自己突然遇到了尴尬或有失体面的小事,不妨用幽默应对一下。

北宋文学家石延年,人称"石学士"。一日酒后骑马去报国寺游玩,突然马受惊乱跑,将石延年从马上摔了下来。只见石延年站起来,拍拍身上的尘土,拿起马鞭,然后风趣地对围观者说:"幸亏我是'石'学士,要是'瓦'学士,今天一定要摔破了。"

石延年把自己的姓,做了另外一种解释,以妙语解嘲,为后人称道。

| Part6 |
说服幽默——把幽默的话说到心坎上

欲擒故纵，幽默地说服他人

日本某银行不允许职员留长发，因为留长发会给顾客留下颓废和散漫的印象，有损银行的形象。

有一次，这家银行的经理和人事部主任面试一批笔试合格的考生，发现其中有不少留长发的男子。为了能使这些留长发的考生都剪短发，人事部主任在致辞时，没有正面提出要求，而是充分运用了他杰出的口才和幽默感，只说了几句话，便使留长发的考生愉快地接受了他的意见。他是怎么说的呢？

人事部主任留着军人式短发型，他说："诸位，敝行对于头发长短的问题，历来持豁达的态度，诸位的头发只要在我和经理先生的头发长度之间就可以了。"

众人立即把目光投向经理，只见经理先生面带笑容站起来，徐徐脱帽——露出了一个光头。

> 正话反说，跌宕中说动他人

"良药苦口利于病，忠言逆耳利于行。"这句话重复多了，人们难免会形成错觉，即规劝别人的话必须尖锐，不尖锐的话不配称"忠言"。事实上，良言如果可以不逆耳岂不是更能打动人心，更容易被人们接受？

你说这部电影很好，那么在放映的时候为什么包括你在内的很多人，都提前离场了呢？

因为对于影片的结尾，观众早就料到了，这简直是导演和观众心有灵犀一点通。

正话反说的幽默技法，不仅能够让幽默在反话中显得趣味横生，还能够巧妙地说服别人。在正话反说的幽默技巧中，说出的语言与真正想要表达的意思形成一种鲜明的对比，强烈的反差让说服力在诙谐中变得强大。

人事部主任使用的就是欲擒故纵法，他的本意是要求考生们都留短发的，但他却不直接说出来，而是故意表现出一种豁达的态度，似乎他们的要求并不高。

表面上看来，银行对于头发长短问题历来持"豁达的态度"，好像是"纵"，实际上，"诸位的头发长度只要在我和经理先生的头发长度之间就可以了"，却是"擒"。他是在用不同的词语表达了同一个概念。

"以退为进"是军事上的用语，暂时退让时输赢未定；伺机而动，争取成功，这就是一种欲擒故纵的策略。谈判也如打仗一样，亦是互相交锋，争斗激烈。有时要继续谈下去，有时则要暂时休会；有时要据理力争、讨价还价。

有时候，即使双方都做了许多让步，但双方的谈判立场仍有很大差距，双方似乎钻进了死胡同。在确信谈判双方有许多共识，并且主动权在我方手里时，便可采用以退为进的方法。当然，这需要谈判者采用娴熟的口才技法，以免被对方识破。

如果你是对的，你要坚持自己的观点，说服别人接受，那么最好试着以一种温和、幽默、豁达的态度和技巧达到目的。退一步实际上可以让你进两步，这就是以退为进的高明之处。

旁敲侧击，说服可以不走直线

林肯说："我虽然向别人讲过很多故事，但是从我的长期经验中总结到，一般人对以幽默为介质的表达更容易受到影响。"那么，当说服与幽默被捆绑在一起的时候，说服便在不自觉间被加入了强大的影响力。旁敲侧击的说服方法便是幽默技巧在说服中的巧妙运用。

在日常生活以及工作中，每个人的心理都很难把握。我们需要做的是通过缜密、周全的问答推测出对方的真正心思。通

> **保持缄默,是一种变相的幽默说服**
>
> 困难真的很大……条件真的很差……时间又紧……好,我一定想办法完成。
>
> 沉默可以引起对方注意与思考,使对方产生迫切想了解你的念头。在特定的环境中,缄默常常比论理更有说服力。

过交谈,感受到对方的心理,通过旁敲侧击,来巧妙地实现对他人的说服。

齐景公喜欢捉鸟玩,便派烛邹专门管理鸟,可是烛邹不慎让鸟飞走了。齐景公大为恼火,下令杀死他。晏子说:"烛邹有三条罪状,让我数落他一番。然后再杀,让他死个明白。"

齐景公高兴地说:"好。"于是他命人把烛邹叫进来,晏子一本正经地说:"烛邹!你知罪吗?你为大王管鸟却让它们逃走了,这是第一条罪状;使大王为了鸟而杀人,这是第二条罪状;这事传出,让天下人认为我国重小鸟而轻士人,败坏我们大王的名誉,这是第三条罪状。你真是罪该万死!"说完,马上请求齐景公下令斩杀。可是齐景公却说:"不要杀他了,我接受你的指教了。"

虽说忠言逆耳利于行,但是有时也可以学习晏子的手法,旁敲侧击的方式更容易被接受。晏子不愧是一个有口才、有心计、有幽默感的人,他假意批评烛邹的失职,实则在批评齐景公"重小鸟而轻士人"。

旁敲侧击的说服法能够减轻被说服者内心的负担,避免了因直接受批评而颜面尽失的可能。所以,在这个故事中,齐景公才会接受晏子的劝说。有时候,明明看出了某人的错误,并不直说,而是拐弯抹角地旁敲侧击,这种方法更能让对方接受。他会明白,你是在给他留面子,而不是故意让他难堪。

幽默引导,让对方说"是"

在日本,有一个小和尚聪明绝顶,他的名字可以说是家喻户晓。他最擅长的说服方式就是用智慧诱导对方说"是",这位小和尚的名字叫一休。

有一次,大将军足利义满把自己最喜爱的一只龙目茶碗暂时寄放在安国寺,没想到被一休不小心打碎了。就在这时,足利义满派人来取龙目茶碗。

大家顿时大惊失色,不知所措,茶碗已被一休打碎,拿什么去还呢?

在幽默中让对方说"是"

在说服他人赞同自己的过程中,巧妙幽默地让对方产生回答"是"的习惯,这很重要。

当你幽默地和对方表达自己观点的时候,即使你还没有完全讲完自己的请求,对方已经在心里同意了。

> 是,是。

当你生硬地表达自己的请求时,你还没有讲完,对方已经在琢磨用什么理由来说"不"了。

> 不行,不行,行不通。

想要引导对方做出自己所期待的行动和反馈,关键在于说话的语气和态度。最好要保持诙谐的语气,加上幽默的态度。

一休道:"不必担心,我去见大将军,让我来应付他吧!"

一休对足利义满说:"有生命的东西到最后一定会死,对不对?"

足利义满回答:"是。"

一休又说:"世界上一切有形的东西,最后都会破碎消失,是不是?"

足利义满回答:"是。"

一休接着说:"这种破碎消失,谁也无法阻止是不是?"

足利义满还是回答"是"。

一休听了足利义满的回答,露出一副很无辜的神情接着说:"义满大人,您最心爱的龙目茶碗现在破碎了,我们无法阻止,请您原谅。"

足利义满已经连着回答了几个"是"字,所以他也知道此事不宜再严加追究了,一休借助自己聪明的头脑和机敏的幽默,帮助自己和安国寺安然渡过了这一难关。

以谬制谬,反话正说有深度

以谬制谬,是幽默说服的有力武器,用对方的逻辑击败对方的道理,让对方即便心有不服却也难辩其中之意。

在说服中抓住对方命题中隐蔽的荒谬点,加以推论,或由此及彼,或由小到大,或由隐到显,最后得出荒谬可笑的结论,从而证明对方的论点是错误的。这种顺言逆意的说服谋略,在逻辑上属于引申归谬。虽带有某种讽刺意味,但多属善意。

以谬制谬就是对问题换一种思路进行考虑,看似荒谬的回答其实也有其逻辑可循。

运用归谬方式可以让对方认识到原来观点中的错误,还可采用这样一种方式,即先提出一些问题让对方谈自己的见解,即便对方说错了,也不要急于指出,还要不断地提出补充的问题,幽默地诱导对方由错误的前提推导出显然荒谬的结论,使之不得不承认其错误,然后再设法引导他随着你的正确思维逻辑,一步一步走向你所主张的观点,达到劝导说服的目的。

民国时期,一个地方官员禁止男女同学、男女同泳,闹得满城风雨。鲁迅幽默地说:"同学同泳,皮肉偶尔相碰,有碍男女大防。不过禁止以后,男女还是一同生活在天地中间,一同呼吸着天地间的空气。空气从这个男人的鼻孔呼出来,被那个女人的鼻孔吸进去,又从那个女人的鼻孔呼出来,被另一个男人的鼻孔吸进去,淆乱乾坤,实在比皮肉相碰还要坏。要彻底划清界限,不如再下一道命令,规定男女老幼,诸色人等一律戴上防毒面具,既禁空气流通,又防抛头露面。这样,每个人都是……喏!喏!"鲁迅一面站起来,一面模拟戴着防毒面具走路的样子。当时逗得大家笑得前俯后仰,事后又引起大家深深的思索。

显然,"禁止男女同学、男女同泳"的规定是荒谬的,鲁迅没有对此观点直接提出自己的意见,反而通过"男女共同呼吸"的现实来反驳这一禁令的可笑之处。

这固然是采取了讽刺和幽默的形式，更重要的，还是因为他揭开了矛盾，把大家的思想引导到事物本质的深度。

有一次鲁迅担任厦门大学教授时，校长常常克扣教学经费。这钱不能花，那钱没有预算，某一笔钱又可以不花。校长老是这样刁难师生，弄得大家意见很大。

这一天，校长又决定把所有经费削减一半。他把各研究院的负责人和教授们召集起来，一说出削减方案，马上遭到教授们的反对。大家说："研究经费本来就少得可怜，好多科研项目不能上马，正进行的一些研究工作也日子难熬，不能往纵深发展。再说，许多研究成果、论著因没钱不能印刷，再削减经费怎么得了？不行，不行！"校长根本不认真倾听教授们的意见，他强词夺理，说："对于经费问题，你们没有发言权。学校是有钱人掏钱办的，只有有钱人才可以发言，在这个问题上应充分尊重有钱人的意见。"

校长话音刚落，鲁迅立即起身，从长衫里摸出两个银元，"啪"的一声放在桌上，说："我有钱！我有发言权！"接着，他力陈经费只能增不能减的道理。其论据充分，思路严密，无懈可击，驳得校长哑口无言，只得收回主张。教授们胜利了。

鲁迅在这里幽默地将校长所说的"钱"（即财富，广义的钱）偷换成狭义的具体的"钱"，从而以两个银元为引子提出了自己的理由，使校长无话可说。

巧以对方的谬论"有钱人才有发言权"为根据，将自己的"小钱"掏出来拿到发言权，既诙谐，又讽刺，还能把意见表达出来，鲁迅不愧为一代大文豪。

巧抓心理，趣味销售要独特

有一个销售安全玻璃的推销员，他的业绩一直都维持在北美整个区域的第一名。在一次顶尖推销员的颁奖大会上，主持人问："你有什么独特的方法来让你的业绩维持顶尖水平呢？"他说："每当我去拜访一个客户的时候，我的皮箱里面总是放了许多截成15厘米见方的安全玻璃，我随身带着一个铁锤子，每当我到客户那里就会问他，'你相不相信安全玻璃'，当客户说不相信的时候，我就把玻璃放在他们面前，拿锤子往玻璃上一敲，而每当这时候，许多客户都会因此而吓一跳，同时他们会发现玻璃真的没有碎裂开来。然后客户就会说，'天哪，真不敢相信'。这时候我就问他们，'你想买多少'。"

当他讲完这个故事不久，几乎所有销售安全玻璃的公司推销员出去拜访客户的时候，都会随身携带安全玻璃样品以及一个小锤子。

但经过一段时间，他们发现这个推销员的业绩仍然保持在第一名，他们觉得很奇怪。

而在另一个颁奖大会上，主持人又问他："我们现在已经运用和你一样的推销方法了，那么为什么你的业绩仍然能维持第一呢？"他笑一笑说："我的秘诀很简单，我早就知道上次说完

> 间接说服，巧用语言不同点

如果你要表达一个与别人意见相左的观点时，最好不要一上来就直接说别人是错误的，而应该机智、幽默地表述自己的观点，然后把听众引到你的观点上来，从而使他们忘记原来的观点。

老板，另一家商店的老板在被骗走10万块钱之前也是这么说的!

你赶紧走，我对你的收款机没有半点兴趣。

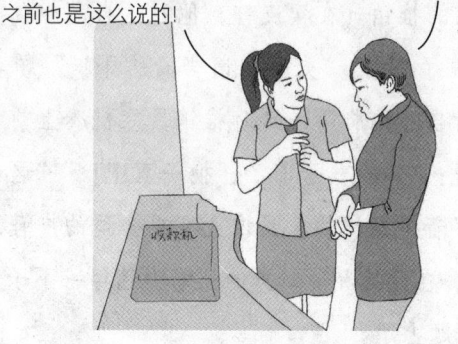

当直接说服显得没有什么成效时，巧用间接说服便能提高说服他人的胜算。

间接的幽默说服法，巧用每一个语言表达的不同点，将其幽默转化成通俗易懂的反向描述，说服他人就会变得更加轻而易举起来。

这个点子之后，你们会很快模仿，所以自那以后我到客户那里，唯一所做的事情是把玻璃放在他们的桌上，问他们'你相信安全玻璃吗'，当他们说不相信的时候，我把锤子交给他们，让他们自己来砸这块玻璃。"

这个金牌推销员一直在思考怎样以独特的方式去吸引顾客的注意，这就是他为什么一直保持领先地位的原因。他懂得以幽默的方式、独特的做法来表明自己产品的与众不同。

幽默表达在销售中至关重要。幽默地说服顾客需要独特，需要抓住顾客的好奇心理，来吸引顾客注意，很多推销员都会精心打造好他们在销售过程中的语言表达。

一位柜台前的推销员在卖皮鞋，他对从自己柜台前漫不经心走过的顾客说了一句："先生，请当心脚下！"顾客不由得停了下来，看看自己的脚下，这时推销员乘机凑上前去，对客户幽默一笑，说："你的鞋子旧了，换一双吧！""这双鞋子的样式过时了，穿着挺别扭的，我这儿有更合适的皮鞋，请试试看。"不用多说，在此情况下对方的注意力已经一下子集中到销售人员要讲的话题上了。

开始就能抓住客户注意力的一个简单办法是去掉空泛的言辞和一些多余的寒暄。为了防止客户走神或考虑其他问题，可在推销的开场白上多动些脑筋，如果开始几句话表述得生动有力，句子简练，语风幽默，那么引起他人注意的概率将大大提高。讲话时目视对方双眼，面带微笑，要表现出自信而谦逊、热情而幽默的态度，切不可拖泥带水、支支吾吾。

另外，从顾客利益的角度出发时，吸引到对方注意力的可能性较大，因为你所说的是他当下最关心的事。即兴的灵感总是少有的，因此在推销之前，要做好应有的各项准备，包括你的思维、说服方法、幽默风度，这样才能百战不殆。

幽默有度，成功推销的宝典

推销大师齐藤竹之助说："什么都可以少，唯独幽默不能少。"这是齐藤竹之助对推销员的特别要求。许多人觉得幽默好像没有什么大的作用，其实是他们不知道怎么才能学会幽默。

乔·吉拉德说："我听到过很多人说，他们对外出购车常常感到发怵，但是我的客户不会这样说。当我说与吉拉德做生意是一件很愉快的事情时，我相信这句话并不是毫无意义的。"

成功的推销员大多都是幽默的高手，因为他们知道幽默会减轻紧张情绪。幽默还是消除矛盾的有力手段。在尴尬的时候"幽上一默"，不仅缓解紧张的气氛，还能让人感到你的智慧魅力，幽默是帮助人们感到舒适自在的一种极佳手段。

一个缺乏幽默感的人是比较乏味的。在你的推销中融进一些轻松幽默不失为一种恰当的策略，同时它也能使你的生意变得十分有趣。否则，你的客户就会保持戒备，不肯放松。

一个推销员对着一大群客户推销一种钢化玻璃酒杯，在他进行完商品说明之后，向客户做商品性能示范，就是把一只钢化玻璃杯扔在地上，从而证明它不会摔碎。可是他碰巧拿了一只质量不过关的杯子，猛地一扔，酒杯碎了。

这样的事情以前从未发生过，他感到很吃惊。而客户们也很吃惊，因为他们原本已相信了推销员的话，没想到事实却让他们失望了，场面变得非常尴尬。

金牌销售，幽默艺术作助攻

幽默的语言能使局促、尴尬的推销场面变得轻松和缓，使人立即消除拘谨不安，它还能调解小小的矛盾。

> 大鼻子！

> 就叫我大鼻子叔叔吧！

在交往中如果有人蓄意攻击和侮辱你，这时幽默可以是一种十分有效的说服与反击武器。

> 我却完全相反，只给傻瓜让路，您先过吧！

> 我从来不给傻瓜让路。

幽默的口才是不断练习的结果，是具有独特个性的语言展示。因此，不妨为口才插上幽默的翅膀，推动销售业绩的不断攀升。

但是，在这紧要关头，推销员并没有流露出惊慌的表情，反而对客户们笑了笑，然后幽默地说："你们看，像这样的杯子，我就不会卖给你们。"大家禁不住笑起来，气氛一下子变得轻松了。紧接着，这个推销员又接连扔了五只杯子，都没有摔碎，博得了客户的信任，很快推销出了很多杯子。

在那个尴尬的时刻，如果推销员也不知所措，没了主意，让这种沉默继续下去，用不了几秒钟，就会有客户拂袖而去，推销就会失败。但是这位推销员却灵机一动，用一句话化解了尴尬的局面，从而使推销继续进行，并取得了成功。

另辟蹊径，小幽默有大智慧

每个人都有天生的创造性潜能，创造在说服过程中的比重越大，越容易激发他人的好奇，也越容易将他人的思绪引到自己的思路中来。因此，我们要另辟蹊径，让说服在幽默中悄然进行，让说服在智慧的口才中变得无往不利。

一家企业因经营不善，财务室的桌子上总是堆满了各种讨债单。都是千篇一律地要钱，财务主管不知该先付谁的才好。老板也一样，总是大概看一眼就扔在桌上，说："能拖一天就拖一天，让他们等着吧！"

但也有例外，仅有一次。

那次老板很干脆，他豪爽地说："马上给他。"

那是一张从国外传真过来的账单，除了列明货物单价、数量、金额外，空白处写着一个大大的"SOS"，旁边还画了一个头像，头像正在滴着眼泪，线条简单而生动。

这张不同寻常的账单一下子引起所有财务人员的注意，也引起了老板的重视，他看了看便说："人家都流泪了，以最快的方式付给他吧。"

这张独特的账单采取了与众不同的表达方式，它没有运用千篇一律的讨债方式，而是另辟蹊径，巧用一个"SOS"和一幅生动的简笔画，既表达了自己不得不催要货款的困境，又委婉而不失幽默地展示了自己的豁达开朗。这样的讨债方式，不仅能够引起他人的重视，还能够博得他人的无限同情。可谓"一箭双雕"，令人拍案叫绝。

| Part7 |
职场幽默——愉快工作，活跃氛围

职场矛盾，幽默化解

在战国时期，齐国有个出身卑微的人，叫淳于髡，他虽然身材矮小但口才很好，善于讲幽默笑话，使听者在笑声中受到启发。于是齐威王派他作为齐国的使臣，出使各国。由于他有令人喜爱和佩服的口才，因而每次都非常出色完成了使命，深得齐威王的器重。

一次，楚国发兵进攻齐国，齐威王派遣淳于髡带着黄金百斤、驷车十乘为礼物，前往赵国求救兵。淳于髡接到命令之后，放声大笑，直笑得前仰后合，浑身颤动，连帽子的缨带都断了。

齐威王问："先生是不是嫌我送给赵王的礼物太轻了？"

淳于髡回答说："我怎么敢呢？"

齐威王又问："那么，你为何这样大笑呢？"

淳于髡答道："不久前，我从东面来，看见路上有一个人正在向土地神祈祷。他拿着一只猪蹄，捧着一杯酒，嘴里念念有词,'高地上粮食满筐,低地上收获满车,五谷丰登,全家富足'。我见他敬献给土地神的供品很少,而向土地神索取的却很多,所以觉得好笑。"

齐威王听到此处明白了,淳于髡是在用隐语来劝谏自己增加礼物,于是决定把礼品增为黄金一千镒(每镒二十两)、白璧十对、驷车一百乘。于是淳于髡带着礼物前往赵国,说动了赵王,答应发兵救齐。

职场幽默助你提升业绩

职场幽默可以说是一种"生产力",因为幽默元素能够提升人们的活跃度,而生产力中最重要的因素就是人,因此幽默可以直接带动人力的积极与活跃,进而带动了生产力的不断提高。

人这辈子有多少时间是在床上度过的啊,这是为您的健康投资啊!

这张床要七万,怎么这么贵啊?

幽默,在增强说服力的同时,也增加了产品的销售量,也就提高了企业的生产力,幽默在不知不觉中成为促进生产力迅速提升的重要因素。

在职场中，我们常常会碰到各种各样的矛盾，有的甚至是十分棘手的难题，这就需要我们妥善解决它。我们可以用幽默的语言打开局面，给上司以智慧的启迪。所以，在职场上离不开幽默的语言。

需要注意的是，职场离不开的是恰当的幽默，而不是过分的幽默，当你说的话出现严重措辞不当的时候，即使很有幽默感，又能有谁会为你的幽默喝彩呢？答案是没有。

在一次盛大的宴会上，一位诗人和一位将军坐在了一起，但是他们都对彼此没有好感，将军看不惯诗人，诗人也不习惯将军的架子，他们对彼此很冷淡。当宴会主人提到诗歌的时候，将军就会摆出一副不屑的表情。当宴会进行到一半的时候，宴会主持人提议让诗人当场为大家作一首诗。

幽默的诗人推辞说："哦，主持人，作诗没有什么好看的，还是让我们的将军来为大家表演如何发射一发炮弹吧。"

将军听到这儿，扑哧一下笑了，与诗人举杯同饮。直到宴会结束的时候，他们还谈得火热。

职场中并不总是一帆风顺，也并不总会遇到自己喜欢的人，当"看不惯"占了上风的时候，请学会运用幽默的智慧之剑将冷漠斩断。真正聪明的人，总会依靠自己的幽默使职场更富人情味，让工作变得更顺利。

办公室里的幽默

闲暇的时候,同事们经常会聚在一起聊聊天,说点幽默的话题。但是,职场毕竟是一个比较特殊的场合,我们一定要掌握好幽默的尺度,不要成为众矢之的。

将别人的缺点作为谈资,就是哪壶不开提哪壶,没有顾及同事的感受,也没有设想自己这样做是多么愚蠢,这样的幽默只会让别人更加厌恶。

> 来,我看看这根竹竿和你到底哪个高一点。

当我们在工作中看到同事间有磕磕绊绊的时候,若能用一个恰当的小幽默来巧妙化解一下,不仅让同事之间的关系更加融洽,还能给同事留下良好的印象。

> 这么漂亮的两个女生在公司发生争论,还真是一道"美丽"的风景呢。

职位变动，幽默视之

在职场中，被辞退或者调离岗位都是常常发生的事情，一般大家都会觉得被炒鱿鱼是一件非常痛苦的事情。但是，如果换一种想法，换一种思维方式，或许就没有我们想象的那么糟糕。

波特刚被公司辞退了，便有朋友打电话安慰他："波特，听说你被炒了，这是怎么回事？"

"哦，"波特说，"你知道经理是什么样的人吗？他就是那种悠闲地看着别人工作，而自己从来不动手的人。"

"这个情况我们是知道的，但是他为什么会让你走？"

"嫉妒！完全是他的嫉妒……你知道吗？其他所有人都认为我是领班。"波特幽默地回答。

在离职的时候也不忘记给自己找个十分体面的理由，就像波特一样，把自己的离职原因归结为能力太强，让经理产生嫉妒，自己才会被撤职。被炒鱿鱼并没有什么不光彩的，用幽默来安慰自己，这不得不说是一种智慧。

如果是非走不可，我们也要幽默大度地走。为什么要有失落、无奈和心酸的感觉呢？我们要用一种诙谐的豁达告诉别人，同时也告诉自己，不管是被辞退还是调离，都预示着一段新生活的开始，或许更有希望。不论前方的路是阳光大道，还是羊肠小道，我们都要勇敢地去面对，坚持走下去。

马克·吐温曾在一家报社工作，可是，六个月后的某一天，报社总编突然找到他，对他说："你太懒了，什么工作都干不了！你收拾收拾东西离开我们这里吧，我们这里不欢迎懒汉。"面对这一变故，马克·吐温并没有表示遗憾，只是微微一笑，大声对主编说："你这个笨蛋，竟然用了六个月时间才了解我的为人！我可是刚到报社那天就看透你了。"

马克·吐温失去了工作，但他只用一句话就扭转了劣势，一下子占了上风，自信十足地离开了这家报社。

小刘一直在某公司总部工作。一天，人事经理找到他，告诉他即将把他派到分公司工作，叫他收拾准备一下。人事经理安慰小刘道："小伙子，到了基层也得好好努力，工作干好了，我们过一段时间还会把你调回总部的。"

小刘毫不在乎地说："到基层没有什么不好的，我现在只不过觉得像是董事长退休罢了！"小刘的幽默回答体现出他乐观豁达的精神，无形中把自己提到了一个较高的档次上，去分公司任职在他看来反而像是升职一样。他这样一说，让经理等其他人都对他另眼相看。

幽默地离开，是一种生活的态度，向别人展示出一种豁达的胸襟。哪怕我们将要离开的工作岗位是我们维持生计的保障，我们也要笑着离开，以此告诉别人，我们不怕挑战。

方圆幽默，巧妙制胜

基辛格 31 岁时，以优异的成绩取得哈佛大学博士学位，之后留校任教。他十分喜欢外交，具有无与伦比的辩论能力和外交天赋。

基辛格担任国务卿时，有一次设宴款待联合国外交使节团和记者团。他在致辞中说："各位外交官先生，你们的周围都是新闻记者，说话要多留神。各位记者先生，你们的身边都是外交官，对他们的话，可别太认真了。"

基辛格是一个懂得运用幽默技巧的高手，他知道什么该说，什么不该说，该说的会幽默地说，不该说的会委婉绕过。

基辛格在担任国务卿期间，为了谋求世界和平，经常奔走于华盛顿、巴黎、北京、莫斯科，进行穿梭外交。

有一次举行记者招待会，基辛格表示下个星期日之前，世界不可能有新的危机发生。记者追问他为什么这么说，他幽默地说："因为我的工作日程已经排满了。"

基辛格懂得如何让别人认识到自己工作的重要性，他借用幽默来表达，既让大家看到自己的工作内容，更让大家感受到自己的努力。为此，才会受到更多人的尊重与信服。

方圆幽默适合于各行各业，有方圆幽默的地方就有欢笑，就能针对难以回答的问题幽默地给出精彩的答复。

工作难题，幽默处理

> 经埋，这里的蟑螂不爱吃汉堡和咖啡。

> 哦，上帝，赶紧清理干净，要不然蟑螂就要来袭击我的办公室了。

遇到让人难缠的老板，不想一些幽默的点子都不好应付。看准时机幽默一下，结局肯定是快乐的。当然在幽默的时候也一定要看清对象，要因事而异，因人而异。

> 就你这么小的个头，还要求我每天给你涨20元的午餐补助吗？

> 我知道，就我的年龄来说，我的身高是有些矮，但把实话跟您说了吧，自从我到这里来工作后，就忙得没工夫长个儿了。

解决麻烦问题，考验我们的工作能力，其实只要凭借我们的聪明才智，化繁为简，迎难而上，什么事情都可以幽默轻松地搞定。

一次，一位知名律师到某大学演讲，对于学生提出的各种问题，他都做了坦率的解答。这时，一位男学生递上一张纸条，上面写道："既然律师要公平地维护当事人的权益，那你为什么还要为杀人犯辩护？你明明知道他杀了人，难道法律没有公平可言吗？"读完这一尖锐问题，那位律师想了一下，便问那位男生："你喜欢照相吗？"见男生点了点头，律师反问道："你脸上有光滑漂亮的时候，也有满脸灰尘不干净的时候，你为什么不在满脸灰尘的时候去照相呢？"这一问，引得周围的人都情不自禁地笑了。

对于男学生提出的颇有难度的问题，律师不急于作答，而是提出一个对方感兴趣的幽默问题，再进行反问，把在法庭为杀人犯辩护的行为与年轻人的照相巧作对比，在言简意明和风趣诙谐中，把自己的观点表达出来，让人豁然开朗，印象深刻。

通常回答有些人的提问时，正面的回答极易落入俗套，难以满足提问者的要求，幽默的回答者则会漫不经心地似答非答，引对方入"圈套"，占据主动，最后让对方折服。

避免与同事"交火"

工作中同事之间难免发生争执，有时搞得不欢而散甚至使双方心存芥蒂。人是有记忆的，发生了冲突或争吵之后，无论怎样妥善处理，总会在心理、感情上蒙上一层阴影，为日后的相处带来障碍，最好的办法还是尽量避免"交火"。

同事之间的关系是职场关系的重要一层，毕竟如果你还打算在公司中工作下去，就免不了与同事相处。和谐的同事关系是助力自己积极工作的重要动因。如果不能选择同事，那就选择幽默的相处态度，平时多运用一些幽默技巧来搞好关系，从而避免与同事的争吵。

麦克阿里斯特是某大型航空公司的主管工程师，被派去参加一个关于要不要将新型喷气发动机继续安装在"逾龄"飞机上使用的会议讨论。此次会议讨论十分激烈，一方强烈要求安装，另一方却坚决反对安装，双方僵持不下。就在这时，会议主席一句幽默的话打破了这种紧张对峙局面。

主席说："这些老飞机就跟老祖母一样，为老飞机安装新型喷气发动机就像是为老祖母买一辆新车，可能带来浪费，却也可能会大有用处，不管怎么说，老祖母还是觉得很开心吧。"

主席用巧妙的比喻以及诙谐式表达，让在场的人们放声大笑起来，对立僵持的局面一下子缓和了很多。会议讨论最终得出了一致的意见，可以将新式发动机安装在老飞机上。幽默解决了工作中对峙的尴尬，避免了"交火"的发生，为和谐共处创造了条件。

某公司一位漂亮的打字员收到了一封来自男同事的表白信，但是她对这位男同事没有感觉，于是她没有理会男同事的信。可这位男同事仿佛并不在意对方的置之不理，他一如既往地写信。终于，有一天打字员把对方刚送过来的一封信连同以前自

如何与同事幽默相处

你姓周,以后你家孩子可以叫周一。这个名字还有延续性,一口气可以生七个,从周一到周日。

那如果生了第八个就叫夏周一,呵呵。

在工作中遇到难题时,如果用幽默来调节,事情就可能会很快得以解决。幽默能给你带来很多意想不到的好处,具有非常神奇的力量。

单挑我可不怕你。你决定地点、时间和武器吧。

那地点就在走廊里,时间就是现在,武器就是空气。

要注意营造温馨和谐的工作环境,大家心情好了,效率提高了,干劲也就足了。

己收到的信，都录入电脑并打印出来，一起交给了那位男同事，并幽默地说："我已经为你全部打完了，还有什么事情吗？"此后，这位男同事再也没有打扰这位打字员了。

打字员巧妙地借助职业之便，幽默委婉地拒绝了男同事的求爱，既保全了男同事的尊严，又不会使自己为难。

办公室是工作场所，建立良好的工作环境十分必要，幽默可以让自己树立起友好形象，可以获得同事的好感，减少摩擦的发生，使自己与同事在和谐中竞争。

退一步说，即使和同事没有竞争关系，没有职务晋升的前途问题，而只是彼此意见不合，也不必非要说一些撕破脸皮的话。相互之间有了不同的看法，最好以幽默的口气提出自己的意见和建议，语言得体是十分重要的。每个人都有自尊心，如果你伤害了他人的自尊心，必然会引起对方的反感。

| Part8 |

演讲幽默——放大气场，折服听众

提前准备幽默素材

演讲是一门艺术，幽默是演讲艺术中最佳的出彩道具。好的幽默口才可以成为演讲中的点睛之笔，可以让人回味无穷，演讲者会成为众人喜爱的人物。幽默之于演讲如此重要，正如素材之于幽默的重要性。

素材，是指幽默口才的表达主体为达到某一目的，从现实生活中搜集、整理、积累，用于幽默口才表达，反映主体的思想认识，并从中提炼出明确主题的事实和论据。它提供幽默表达的具体内容，既包括客观存在的人、事、物、景，又包括主体从文献资料中搜集到的知识、理论、数据和其他信息，还包括主体自身主观的思想意识。

大量积累素材是第一步，也是至关重要的一步。幽默口才的表达主体应勤于博采，整理分类，力求材料广泛、全面，努力做到一个"多"字。素材多了，才便于比较、鉴别，有选择的余地。不妨让自己每天看一些漫画书或者喜剧小品，"剪切"

给演讲做一个趣味开场白

> 刚才你们老师给我封了许多头衔，我实在是不敢当。我姓胡，所以我今天所讲都是"胡说"，同学们不必太过认真。

演讲是一个信息传播和反馈的过程。开场白进行得不顺利，会极大影响到反馈质量。而如果有一个精彩开头，也就获得了先机，把传播和反馈的管道一下子打通了，其意义不言而喻。

> 虽然我获得过一些重要奖项和最佳男歌手称号，但我的长相实在是有点对不起大家……一般来说，女观众对我的印象都不太好，她们认为我是"人比黄花瘦，脸比煤炭黑，但我很温柔"。

出那些和你的生活相关的章节。将它们写在记事本上或存在手机里，或是随便什么你能经常看见的地方。无数口才大师的成

功实践证明：积累大量素材是第一位的基础工作，是口才表达最重要的基本功之一。

搜集幽默素材时，先确定下表达的目的、目标，然后再围绕这个目标，有意识、有计划地搜集有关的素材。同时注意采集有个性的画面、情节、细节等感性素材，尤其要重视搜集能阐明道理、论证观点的抽象的理论素材，从现实实效性上去搜集素材。讲话时选用的幽默素材，一定要有吸引力，要像一块块磁铁那样能吸住听众的心。具有较强吸引力的素材具备四个方面的特点，即新、实、趣、道。

新是指：有新人、新事、新成果、新情况，反映新面貌，讲出新"世道"。特别是要包含听众最关心的新事物，传递给听众的情感、思想才富有感染力。要善于分析，从旧材料、一般材料中挖掘出新意与趣味。

实是指：素材真实，主题才能站得住脚，才有说服力。如果素材虚假，或者编造素材，或者选用偶然的、个别的、表面的东西作为素材，就不能反映客观事物的本来面目，那么幽默也就失去了意义。

趣是指：除依照以上原则来选择素材以外，我们还必须正确认识什么样的素材的选取才是利于谈话的，这就涉及素材的趣味性。

道是指：人们除了爱听一些奇闻逸事之外，也很愿意和朋友们谈一些日常生活中的普遍经验，这些都是素材所具备的道理。幽默的本意就是将欢乐释放，将道理讲出。

用情感彰显感染力

　　一个幽默演讲者的感染力可以说是他演讲的生命力，如果是一个毫无情感艺术和美感的演讲摆在人们面前，可能大家会无趣地走开。演讲者的情感越深厚，就越能吸引人、打动人，越能拨动每一个听众的心弦。

　　英国作家切斯特顿身材高大，穿着讲究，可谓仪表堂堂，却天生一副柔和的嗓子。不过他并未被难倒，相反，有时候，他还能因此创造出特殊的效果。有一回，在他去美国旅行前，举行了一次演讲。演讲开始前，主持人用华丽的辞藻，喋喋不休地将切斯特顿介绍给听众。切斯特顿觉察到主持人的介绍语言太多太乱，听众似有厌倦之色。于是等主持人介绍完后，他站起身对听众说："在一场旋风过后，随之而来的是一阵平静而柔和的微风。"

　　切斯特顿懂得用自己的情感和快乐来调动听众的积极性。他幽默地将主持人的华丽介绍称为旋风，并借机将自己接下来的演说比作柔和的微风，既引起了人们的好奇心，又调动了听众的情感。

　　曾两度竞选总统均败在艾森豪威尔手下的史蒂文森，从未失去幽默。在他第一次获得提名竞选总统时，他承认的确受宠若惊，并打趣说："我想得意扬扬会伤害任何人，也就是说，只要不吸入这些空气的话。"在他竞选败给艾森豪威尔的那天早晨，他以充满幽默力量的口吻，在门口欢迎记者："进来吧，来给烤面包验验尸。"

几年后的一天，史蒂文森应邀在一次餐会上演讲。他在路上因为阅兵活动而耽搁了一段时间，到达会场时已迟到了。他表示歉意，并一语双关地解释说："军队英雄老是挡我的路。"

史蒂文森在演讲中有着高明的"说笑"技巧，他擅用谈笑的口吻引起听者的喜悦，大大提高了自己的人气和威信，赢得了朋友们一致的尊重和爱戴。

选准一个幽默主题

大凡即兴演讲与讲话，都有一个特定的主题范围，因为主题是演讲的灵魂。但主题的范围有大小，于是就有一个选题是否新颖、是否幽默的问题。只有脱颖而出的幽默主题才能让人在趣味中享受交流的盛宴，让大家为之倾慕。

在即兴讲话中，如果说幽默是绿叶，那么主题就是红花，有绿叶陪衬，红花会更加醒目。在即兴讲话中，幽默对于增进他人的好感有着举足轻重的意义，而有一个新颖的主题，可以让你的幽默口才锦上添花、如虎添翼。

郭沫若在1955年到日本九州大学作演讲，由于九州大学是郭沫若曾经就读的学校，他的演讲主题很明确，就是描述自己在学校中的成长历程，以及表达对学校的感谢之情。在主题明确的前提下，他就能"随心所欲"地选择合适的幽默故事了。

幽默演讲中的禁忌

> 你们说老张的鼻子像不像鹦鹉的鼻子？哈哈。

要避免用某个人的身体缺陷或种族等开玩笑，这是基本常识。

> 我给大家讲个段子吧！

> 等我走了你再讲吧！

开玩笑时要注意对象，比如有些笑话不能对异性说。

郭沫若在演讲中幽默地说："在这里我要向我以前的老师表白，我作为一个医科学生，事实上并不是一个'好学生'，福冈的景色太美了，千代松原也非常美丽。由于每天都能欣赏这样的自然美景，所以我在学生时代没法用功读书，对于医学没有认真地研究下去，而跑到别的路上去了。"

郭沫若的即兴幽默带给了同学们一阵阵欢快的笑声。他对于学生时代诙谐式回忆，既表达了自己对学校的赞美，又展示了自己的幽默风采。

巧用肢体语言

在受欢迎的幽默演讲中，需要有肢体语言的配合，才能巧妙地营造出欢乐的氛围。在幽默演讲中运用到的主要肢体语言是手势语言。

手势语言是运用手指、手掌和手臂的动作变化来表情达意的一种无声语言，是一种具有很强表现力的肢体语言。其应用广泛，使用便捷，自由灵活，形态变化多样，不仅能辅助自然有声语言，有时甚至可以用手势代替有声语言。正因为如此，有人将手势语言称为"口语表达的第二语言"，也正因为如此，幽默的手势语言会被很多演讲者所喜爱。

一次会议中，卓别林一直用手拍打围绕他头部飞来飞去的苍蝇。后来，他找到一把苍蝇拍，拍了几次，都没有拍着。最后，一只苍蝇停留在他的面前，卓别林拿起拍子，准备狠狠地一击。突然，他不拍了，眼睛盯住那只苍蝇。

有人问他："你为什么不打死这只苍蝇呀？"

他耸耸肩膀说："它不是刚才骚扰我的那只苍蝇！"满座哄堂大笑。

> 笑话是演讲的调料

看你们都要睡着了,我就给大家讲个笑话吧。

笑话是演讲中必不可少的"调料"。演讲时,如果语言过于平实,表述生硬,听众的注意力就会渐渐发生转移。人们会向屋顶、窗外望去,不停地看表,但就是不看你。甚至有些听众已经睡着了,或是半昏睡状态,或是一片茫然。你需要做一些立即奏效的事情,将听众从这些状态中拉回来。这时最好的方法就是讲个笑话,让大家笑一下。

一只令人厌恶的苍蝇,在卓别林的加工下,竟然成了令人捧腹的笑料,实在是令人敬佩。想想看,如果接下来不是有幽默成分的那句话,而是暴躁、气急败坏的举动和咒骂,那卓别林在舞台上的"超级幽默"也就只是作秀了,人们对他的叹服也会大打折扣。当然也不要忘记卓别林的肢体语言,如果没有他在演讲时拍苍蝇的举动,那么他的话语只能让人莫名其妙了。

幽默演讲需要互动

成功的演讲并不是一个人在讲,而是在场的所有人都在"讲"。演讲的一个大禁忌就是一个人在那里专注地讲,却没有与听众进行情感交流,没有让听众参与进去。幽默的演讲则属于一场愉快的互动演讲,互动需要恰当的提问。

喜剧教练约翰·坎图建议,通过唤起听众情感上的共鸣,让他们参与到演讲中来。"有一些特殊的事件对人们有很多特别意义——比如他们的中学时代、他们的第一辆车、他们的第一次约会。"他说,"设法将这些事件引入到你的演讲当中去。"这和让听众回想与他们约会的第一个人一样简单。"任何听你讲话的听众都会不由自主地想到那个人。"约翰·坎图解释说,"他们会强烈地融入你的演讲中去。"

这里只有一件事需要注意——你必须澄清为什么要让听众去回忆这些情感上的东西。"它必须与你的讲话有关并且能够说明问题。"约翰·坎图说。幸运的是,这很容易做到。只要在你的演讲中找一些可以引起类似感觉的幽默元素,然后将它与你要让听众想象的东西联系起来就行了,比如想一下你第一次约会时的尴尬事……

美国前总统里根用精心安排的幽默语言点缀他的演讲,以赢得特定观众的尊重。对农民发表演说时,里根说了这么一件逸事以吸引他的听众。

一位农民买下一块河水干涸的小河谷。这片荒地覆盖着石块,杂草丛生,到处坑坑洼洼。他每天都去那里辛勤耕耘,他不断劳作，最后荒地变成了花园，为此他深感骄傲和幸福。某个星期日的早晨，他去邀请镇长先生，问其是否乐意看看他的花园。那位镇长来了，视察一番。镇长看到瓜果累累，就说："呀！上帝肯定为这片土地祝福过。"镇长看到玉米丰收，说："哎呀！上帝确实为这些玉米祝福过。"接着镇长说："天哪！上帝和你在这片土地上竟然取得了这么大的成绩呀。"这位农民禁不住说："尊敬的镇长先生，我真希望你能看到过上帝独自管理这片土地时，这里什么模样。"

里根巧妙地根据听众对象准备自己的幽默素材，从而吸引听众的关心与兴趣，实现了演讲者与听众的幽默互动，增加了会场的热烈气氛。

幽默结尾让人回味

演讲要获得全面成功，一定要精心设计好精彩的结尾，也就是俗话所说的"编筐编篓，全在收口"。如果说好的演讲开头犹如"凤头"，那么好的演讲结尾就像"豹尾"。豹尾者，色彩斑斓而又强劲有力。结尾是对整个演讲的总结，它承担着收拢全篇的任务，因此其意义非常重要。演讲的结尾要既有幽默文采又坚定有力，既概括全篇又耐人寻味，才能使全篇演讲得以升华，收到良好的效果，才能够让听众们在笑声中，对你的演讲感觉到意犹未尽。

在一次演讲中，老舍先生开头说："我今天给大家谈六个问题。"接着第一、第二、第三、第四、第五，井井有条地谈着。这时他发现离散会的时间不多了，于是他提高嗓门说："第六，散会。"听众先是一愣，接着欢快地鼓起了掌，大家都十分敬佩老舍先生的幽默。

老舍先生知道已到散会的时间，没有再按事先准备的内容去讲，而是选择时机戛然而止，既幽默又利索。

通常情况下，结尾不应冗长拖沓，更不能画蛇添足，而要在达到高潮时适可而止，给听众以余音绕梁、回味无穷的感觉。

鲁迅在上海中华艺术大学演讲结尾时这样讲道："以上是我近年来对于美术界观察所得的几点意见。今天我带来一幅中国五千年文化的结晶，请大家欣赏欣赏。"话刚说完，他就把手伸进了长袍，在大家好奇的关注中，发现他慢慢地从衣襟上方抽出了一卷纸。就在大家摸不着头脑的时候，鲁迅把那卷纸缓慢打开，呈现在大家面前的居然是一个破旧的日历，原来这就是鲁迅口中的文化结晶，霎时间全场爆笑。

鲁迅在恰到好处的动作表演以及幽默的悬念设置下，让演讲在大家的笑声中拉下了帷幕。相信即使大家会忘记鲁迅演讲的内容，也不会忘记鲁迅演讲时的幽默。这就是幽默结尾带给演讲人的好处。美国《星期六晚报》的主编说："我把文章刊登在最受欢迎的地方，而在演说时，当听众达到最愉快的顶点，你就应该设法适时结束了。"

| Part9 |
辩论幽默——唇枪舌剑中的缓冲器

巧用俗语，谐趣论辩

俗语是群众语言，就是有浓郁地方特色、通俗易懂，人民群众熟悉的、喜爱的语言，它包括谚语、歇后语等。

这些语言大都来自社会实践，是人民群众创造发明的，在讲话时巧妙地加以运用，能够大大增强语言的感染力，容易被听众理解和接受。

俗语是通俗而广泛流行的固定式语句，简练形象。恰当地引用俗语，可以增强论辩中的幽默感和说服力。

抗战胜利后的一天，上海一幢公寓里传出阵阵欢笑。原来，画家张大千要返回四川，他的学生们为他送行，梅兰芳等名流也到场作陪。宴会开始，张大千向梅兰芳敬酒，说："梅先生，你是君子，我是小人，我先敬你一杯！"众宾客都愣住了，梅兰芳也不解其意，笑着询问："此话作何解释？"张大千笑着朗声答道："你是君子——动口，我是小人——动手！"满堂来宾笑声不止，宴会的气氛一下子活跃起来。

> **理智幽默，胜过争论**
>
> 请把您的收音机借给我用一个晚上好吗？
>
> 不，我只是很想很想夜里能够安安静静地睡上一觉。
>
> 你也喜欢收听晚间特别节目吗？
>
> 如果我们在处理棘手问题时，不能勇敢地表达自己的看法，而是用一般的方式希望对方主动妥协，往往很难奏效，这个时候就需要掌握幽默的表达技巧。

张大千简单的几句话取得如此好的效果，原因就在于他灵活运用了"君子动口不动手"这一俗语。将"你是君子，我是小人"这一惊愕之语进行了出乎意料却又合乎情理的解释，让人们在吃惊之余，猛然间悟出这是一句绝佳的称赞语言，给俗语加入了幽默的调味剂以后，俗语变得不再"俗"。

1985年5月，美国总统里根到苏联访问，两国领导人举行会谈。在欢迎仪式上，苏联领导人戈尔巴乔夫说："总统先生，你很喜欢俄罗斯谚语,我想为你收集的谚语再补充一条,这就是'百闻不如一见'。"

戈尔巴乔夫之意,当然是宣扬他们在削减战略武器方面有所行动。里根也不示弱,彬彬有礼地回敬道:"是足月分娩,不是匆匆催生。"

里根选用的谚语幽默形象地说明了,里根政府不急于和苏联达成削减战略武器等重大协议。

在论辩中巧妙地运用俗语可以调节气氛,增强语言的感染力与幽默感,从而达到明确地讲清道理、有力地反驳对方的目的。

引申归谬,不攻自破

《樗斋雅谑》中说到这么一个故事:一个人的母亲死了,他在服丧时偶然吃了一次红米粉,被一个迂腐的书生看到。书生大为不满,指责这个人是不肖子孙。那人问他为何?他说红色是喜庆的颜色。那人反驳说:"既然这样,那么大家天天吃白米饭,岂不是天天服丧吗?"

一句话,言简意赅,诙谐且不失深刻,从书生荒谬的逻辑出发进行反驳,使人看到了书生的荒唐。那反驳书生的人使用的就是引申归谬幽默法。归谬之法是以对方的论点为前提,再推论出非常明显的荒谬结论,从而驳倒对方。

鲁迅在《文艺的大众化》一文中，驳斥"文学作品的质量越高知音越少"的谬论时，用的就是归谬法。"倘若说，作品愈高，知音越少，那么，推论起来，谁也不懂的东西，就是世界上的绝作了。"显然，这个结果是非常荒谬的，因此"作品愈高，知音愈少"的荒谬性就充分暴露出来了。

归谬法犹如一面显示谬误原形的放大镜，能使人们对错误的论点或论据看得更清楚，因而常常为人所采用。

苏轼的《志林》中，记载了苏轼与欧阳修的一段对话，其中引申归谬法的运用就十分精彩。

欧阳文公（即欧阳修）曾说过：有一位病人，医生问他得病原因，回答说，乘船时遇上大风，受惊吓而得病。医生就取来使用多年的舵把子，上面浸透了舵工的手心汗，刮下细木屑，加上丹砂、茯神等药，为他治病，喝下去就好了。《药性论》上说，止汗可用麻黄根节，以及旧的竹扇子刮末入药。文公因此说：中医以意用药多类似这样做法；初看很像儿戏，然而有时也很灵验，恐怕也不容易问出个所以然来。我（指苏轼）便对先生说：照这样说来，用笔墨烧灰给读书人喝下去，不是可以治昏惰病了吗？推而广之，那么喝一口伯夷（孤竹君之子，与其弟互相推让王位）的洗手水，就可以治疗贪心病了；吃一口比干（商纣王淫乱，比干谏而死）的残羹剩汁，就可以治好拍马屁的毛病；舐一舐刘邦的勇将樊哙的盾牌，可以治疗胆怯病；闻一闻古代美女西施的耳环，可以除掉严重的皮肤病。先生听

"反唇相讥"，辩不可挡

> 请您从大门旁供狗出入的小门进城。

> 出使狗国的人，才从狗门入城。现在我出使楚国，不应当从此门进入吧。

接过话头，"反唇相讥"的幽默法是指在受到语言攻击的情况下，及时、巧妙地利用对方讲话内容中的漏洞，或套用对方的进攻套路来灵活反击，回击恶意挑衅，摆脱自身的窘境。

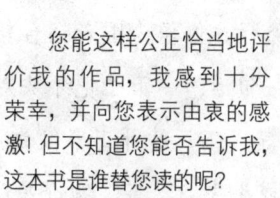

> 您能这样公正恰当地评价我的作品，我感到十分荣幸，并向您表示由衷的感激！但不知道您能否告诉我，这本书是谁替您读的呢？

> 您这部书的确十分精彩，但不知道您能否透露一下，这本书究竟是谁替您写的？

了便哈哈大笑。

苏轼对于欧阳修的观点并没有直接进行否定,也没有进行激烈的反驳,而是用他的观点将一些不能够成为事实的事情表述出来,让欧阳修的论点不辩自"败"。

出其不意,弦外有音

出其不意的具体做法是指辩论中的一方根据实际需要,突然改变自己的观点和立场,或是承认对方的论点,而得出利于己方的结论,使对方感到不知所措的幽默答辩技巧。

在1986年的菲律宾总统竞选中,总统马科斯攻击阿基诺夫人"没有经验,不懂政治"。对此,科拉松·阿基诺并不讳言自己是家庭主妇,也承认对政治问题不甚了解。她接着反守为攻,巧妙地提出:"我对政治虽然是外行,但作为围着锅台转的家庭主妇,我精通日常经济。"她这一句话,一下子把矛头对准了执政党的要害之处。在当时的菲律宾,工厂的开工率仅为49%,占劳动人口总数60%的人处于失业或半失业状态。物价暴涨、民怨鼎沸、政局动荡不安,加剧了经济的进一步恶化,维系民众生存的"日常经济"更是糟糕透顶。科拉松·阿基诺以菲律宾经济状况的事实为依据,阐明自己的观点,对马科斯进行直接反驳,一针见血地指出了对方问题的症结所在,赢得了选民的支持。

"出其不意,攻其无备"的表面就如顺水推舟般平静,顺水推舟是在对手的攻势面前,要把握其意图和要害,表面上因势顺从,实际上是借敌力为我力,引诱对方孤军深入,一直走向荒谬的极端;然后,出其不意地突然逆转,集中火力杀回马枪,使对方冷不丁受到当头棒喝而晕头转向,失去招架之力。

隋朝时,有个叫吴里的人很聪明,但说话口吃。官高气盛的杨素常常在闲暇无聊的时候,把他叫来聊天。

年底的一天,两人面对面地坐着,杨素就和他开玩笑:"有个大坑,深一丈,方圆也是一丈,让你跳进去,你有什么办法出来吗?"

吴里:"有有有有梯子吗?"

杨素:"当然没有梯子,若有梯子,还用问你吗?"

吴里:"是白白白白天,还是黑黑黑黑夜?"

杨素:"不管是白天还是黑夜,你能够出来吗?"

吴里:"若不是黑夜,眼眼眼眼又不瞎,为什么会掉掉掉掉到里面?"

杨素不禁大笑。

杨素:"忽然命你当将军,有一座小城,兵不满一千,只有几天的口粮,城外有几万人围困,若派你到城中,不知你有什么退兵之策?"

吴里:"有救救救救兵吗?"

杨素:"就因为没有救兵,才问你。"

吴里:"我审审审审慎地分析了形势,如如如如像您说的,不免要吃败败败败仗。"杨素大笑了一阵。

杨素:"你是很有才能的人,又是个百事通。今天我家里有人被蛇咬了脚,你能医治吗?"

吴里:"用五月端午南墙下的雪,涂涂涂涂就好了。"

杨素:"到了五月,哪里能有雪?"

吴里说:"五月既然没没没没有雪,那么腊月哪里有有有有蛇啊?"

杨素觉得吴里的思路非常清晰。

这个故事虽然是一则笑话,但类似的事情在现实生活中时常会遇到。故事中的吴里尽管口吃,但回答问题却能做到出其不意,听出弦外之音,又能顺水推舟般幽默作答,杨素不但难不倒他,而且被他的睿智逗得哈哈大笑。

这种出人意料的幽默口才,是人们在说服、论辩中最常用的幽默技法,它借助人们的心理反差,逗笑论辩的另一方,令自己处于论辩的主导地位。

找出矛盾,幽默出击

论辩讲究的不只是口才,比试头脑中的智慧才是最重要的。幽默论辩正是希望通过智慧的力量击破对方的防线。

欧布利德是古希腊一个有名的诡辩家,他在某个贵族那里供职。一天,他对同事说:"你没有失掉某样东西,那么你就有这件东西,对吗?"

他的同事回答说:"对呀。"

欧布利德接着说:"你没有失掉头上的角吧?那你的头上就有角了。"

贵族听了他们的争吵,心生一计,决定利用这种方法来整治善于诡辩的欧布利德。他对欧布利德说:"在我的城堡里,你没有失掉坐牢的权利,是吗?那么,就让你享受三天这种权利吧。"

于是,欧布利德被关了三天禁闭。他真是有苦说不出,只有自认倒霉了。

偷换概念,巧妙取胜

日常生活中的小辩论,如能掌握偷换概念的技巧,就能够获得很大的幽默效果。

两位农民在给玉米施肥时,以猪粪离庄稼远近为焦点争执起来。

甲:"猪粪离庄稼近,便于庄稼吸收,庄稼肯定长得好!"

乙:"照你这么说,应该把庄稼种到猪圈里,一定会长得很好!"

甲:"你这是不讲理!"

乙:"怎么不讲理?你不是说庄稼离粪近长得好吗?"

这时,一位老农民凑过去说:"我看你们俩说的都不对,猪尾巴离猪粪最近,没见到猪尾巴长得多长……"

在场的人哈哈大笑。

这位老农民用偷换概念的方法,轻而易举地平息了争执,又逗笑了大家。具有说服力的论辩依靠的是理和据,讲究的是说话技巧。偷换概念可以巧钻词语的空子,将道理说得无懈可击,让人不得不闭口折服。偷换概念的语言技巧在本质上属于幽默的口才,机智、诙谐且具有较强的说服力。

妙用谐音,机智论辩

清代学者纪晓岚与和珅同朝为官,纪晓岚为侍郎,和珅为尚书。一次同饮之际,恰好有一条狗从旁跑过,和珅指着狗问:"是狼是狗?"此话问得蹊跷,纪晓岚立即听出了弦外之音,答道:"垂尾是狼,上竖是狗。"

原来和珅说的是一句运用谐音双关法骂人的话,"是狼"是指"侍郎",即纪晓岚,连起来便是在讽刺纪晓岚。哪知纪晓岚聪慧过人,一听就觉察出了其中的奥妙,但是他不动声色,顺着和珅问题的表面意思,同样运用谐音双关法进行反唇相讥。"上竖"表面上指尾巴翘起,与和珅问话的表面意思联结得天衣无缝,其实却是谐音"尚书",以此回敬和珅。

李白离蜀远游,应诏入京,在皇帝面前展露了才能,却遭到当朝宰相杨国忠的嫉妒。有一天他想了个办法,约李白对三步句,意即由杨国忠出题(上联),李白要在三步之内对出下联。李白如约而至,刚一进门,只听见杨国忠道:"两猿截木山中,问猴儿为何对锯?"上联出得很刁,运用谐音双关法,"锯"谐音为"句",直接骂李白是来对句的"猴儿"。哪知来者不善,李白毫不犹豫地说:"请宰相起步,三步之内对不上来,愿受罚。"当杨国忠迈步走出,李白立即指着杨国忠的脚喊道:"匹马陷身泥里,看畜生怎样出蹄!"

李白同样运用谐音双关法,"蹄"谐音为"题",直接骂杨国忠是出题的"畜生"。杨国忠出题出得古怪而刻薄,李白对句对得巧妙且辛辣。

谐音双关的表达技巧,要求论辩者有丰富的想象力和发散思维能力,能透过某一语句表面的意思洞察出其隐含着的特殊或深层的语意,然后选择符合我们观点的某一种相关的意义,做出巧妙的辩解。

运用谐音表达,可使论辩者变守为攻,变被动为主动;可以帮助其摆脱困境,还可以嘲讽对手,调侃戏谑,顺势发表议论。辩论中运用此幽默战术,可增强论辩者的语言表达效果,使自己的辩论牢牢掌握主动权。

以子之矛,攻子之盾

逻辑学常识告诉我们,用对方的矛去攻击对方的盾,才能让别人不战而败。

有一则关于巧媳妇的传说故事。

一位知县老爷为了霸占史老汉的财产,故意给他出了一道难题,要他在三天内送来三头怀孕的公牛,如果做不到,就要把史老汉的财产"全部充公"。

史老汉急得不知所措,唉声叹气地回到了家,把事情告诉了家人,他的儿媳妇听后,安慰公公不要担心,她自有办法对付。

第三天,知县坐轿来到史家,进门就问:"史老汉在家吗?"

巧媳妇回答说:"在,就是不便走出来。"

知县不高兴了,厉声喝问:"我是知县大老爷,他怎么敢不出来见我?"

巧媳妇不慌不忙地回答:"你小点声,我公公他正在房里生小孩呢!"

知县听了,哈哈大笑说:"胡说!我从来没听说过,男人也会生小孩!"

巧媳妇对知县说:"怎么没听说,公牛不是也会怀胎吗?"

一句话把知县老爷说得目瞪口呆,哑口无言。

这里,巧媳妇的表述巧就巧在效仿知县老爷的逻辑思维,巧妙地导演了"公公生小孩"这"荒唐"的一幕。

知县若要否认,那么按照充分条件推理的否定式,就等于否定了自己抢夺财产的理由;如果他不否认,那么史老汉就有理由不出来见他,他的阴谋同样不能得逞。这种自打耳光的结果,对知县老爷来说,是哑巴吃黄连,有苦说不出。

有个男孩在一家面包店买了一块二元钱的面包。

他觉得这块面包比往常买的要小很多,便对面包师说:"这块面包比往常买的要小很多呢?"

"哦,没关系。"面包师回答说,"面包小一些,你拿起来就轻便一些。"

男孩听完后,把五角硬币放在柜台上,就要走出店门。

面包师叫住他:"喂,你还没有付够面包钱!"

"哦,没关系。"男孩有礼貌地说,"钱少一些,你数起来就容易一些。"

上述仿效对方思维的幽默语言技巧,其直接效果就是让对手当场认输,因为击败他的武器是由他自己提供的。

| Part10 |
赞美幽默——情感投资有笑道

理解赞美,做到真正幽默

爱因斯坦很欣赏查理·卓别林的表演以及喜剧作品。为了表示自己的喜爱与赞美,爱因斯坦在给卓别林的信中这样写道:"你表演的电影《摩登时代》,一定会让你成为一个伟人,因为你的表演让世界上的每一个人都能看懂。"

卓别林回信道:"你才是更加令人敬佩的人,因为你已经成为一个伟人了,当世界上还没有人能读懂你的相对论的时候。"

爱因斯坦是科学家,却也是个懂得幽默生活情趣的人,他借助人们对《摩登时代》的感受,委婉地称赞了卓别林幽默的表演风格,也暗含了自己对卓别林由衷的钦佩之情。

卓别林不愧是幽默大师,面对爱因斯坦的称赞他心知肚明,面对爱因斯坦的幽默更是投桃报李,同样从世人的角度幽默地夸赞了爱因斯坦在相对论上的建树。

幽默赞美，赢得欢心

> 这位夫人，你难道能够预料到刚刚出生的孩子会有什么用处吗？

> 教授先生，你能解释一下，你给我们大家讲这些东西到底有什么用吗？

在日常的生活与工作中，幽默赞美是一项受人追捧的口才技巧。幽默作为赞美口才中最大的闪光点，能够给人带来无比轻松的感觉。

> 你真是会做饭的好老婆啊，照这样下去，估计我们附近的餐馆该关门大吉了。

幽默的赞美就像是春风吹过了一串铜铃，留给人们的是悦耳动听与清新。

苏轼喜欢参禅，有一次在金山寺和佛印禅师一起打坐，苏轼觉得身心舒畅，于是问道："禅师，你看我的坐姿怎么样？"

禅师答道："很好，像一尊庄严的佛。"苏轼听了很高兴。

禅师问苏轼："学士，你看我的坐姿怎么样？"

苏轼从来不放过嘲弄禅师的机会，马上回答说："像一堆牛粪！"禅师听了也很高兴。

苏轼见自己将禅师比喻为牛粪，禅师竟没有反对，心中以为赢了禅师，于是赶紧回到家中，兴高采烈地对妹妹苏小妹说："哈，我今天终于赢了禅师。"

苏小妹问道："你怎么赢的？"

苏轼得意地叙述起刚才的事情。

苏小妹天资聪颖，听了苏轼的话之后，正色说："哥哥，你输了。佛家说，佛心自现，你看别人是什么，就表示你自己是什么。禅师的心中有佛，所以他看你像佛；而你心中只有牛粪，所以你看禅师才像牛粪。"

苏轼哑然，这才知道自己的修行不及佛印禅师。

一味地贬损他人，其实是暴露了你内心的阴暗之处，同时也是在贬损你自己。心中如果有一片温暖的阳光，就会看到别人的闪亮点，会不由自主地真诚赞美他人。真正的幽默赞美之道正在于此。

面对女人，男人这样赞美

男人在赞美女人时需要掌握一定的技巧。作为男人，要学会赞美女人，能够做到张口也赞闭口也赞。这样，你才能在女人面前受欢迎，使你魅力无穷。

一次，小蒙去银行取钱，排队的人很多，年轻漂亮的女职员忙个不停，有点不耐烦了，看起来她的心情不是很好。小蒙很想跟她交谈，怎么开口呢？观察了一会儿，小蒙发现了女孩工作中的优点。轮到他填取款单时，他边看她写字边称赞说："你的字写得真漂亮，真是人见人爱，花见花开啊。"

女职员吃惊地抬起头，听到顾客幽默的称赞，心情一下子好了很多，但又不好意思地说："哪里哪里，还差得远呢。"

小蒙认真地说："真的很好，你肯定练过书法吧？"

"是的。"

"我的字写得一塌糊涂，能把你用过的字帖借给我练练字吗？相信你的字帖上的灵气会让我大有长进的。"

女职员爽快地答应了，并约好了下午到办公室来取。一来二往，两人交往增多，并最终成为恋人。

小蒙是个聪明的男人，欲夸其人先赞其字，一句"人见人爱，花见花开"就已经让女职员心里偷着美了。

在男人眼里，女人身上总有美丽动人之处，或者是皮肤细腻，或者是身材苗条，或者是眉目含情，或者是穿着得体。所以，作为男人要善于去发现、去捕捉女人的美。许多女人都会

人际需求，给想要的赞美

×××真不愧是你的得意门生啊，那么优秀。

在人的一生中，有无数让我们引以为自豪的事情，这些成绩或亮点会在不经意间从我们的言谈中流露出来，而且每个人都深深地渴望能够得到别人由衷的肯定与赞美。

你真有福气啊，两个儿子都已经长大成才了。

对自己的缺憾有所了解，但她们也十分了解自己的动人之处，只要你能慧眼独具，赞美得体，就一定会博得她的赏识与青睐。

适时赞美，解怨气的良药

很久以前，有一个宰相请一个理发师修面。理发师给宰相修到一半时，也许是过分紧张，不小心把宰相的眉毛刮掉了一部分。哎呀，不得了，他暗暗叫苦，深知宰相如果怪罪下来，那可是杀头之罪呀！他情急智生，停下剃刀，故意两眼直愣愣地看着宰相的肚子，仿佛要把五脏六腑看个清楚。宰相见他这般模样，有点丈二的和尚摸不着头脑，充满迷惑地问道："你不修面，却光看我的肚子，这是为什么呢？"

理发师幽默地解释说："人们常说，宰相肚里能撑船，我看您的肚皮并不大，怎么能撑船呢？"

宰相听理发师这么说，哈哈大笑："那是说宰相的气量大，对一些小事情，都能容忍，从不计较的。"

理发师听到这句话，"扑通"一声跪在地上，声泪俱下地说："小的该死，方才修面时不小心，将您的眉毛刮掉了一部分，您大人不计小人过，请千万恕罪。"

宰相一听啼笑皆非：把眉毛给刮掉了一部分，叫我怎么见人呢？不禁勃然大怒，正要发作，但又冷静一想，自己刚讲过宰相气量大，怎能为这件小事责罚他呢？

于是，宰相便豁达温和地说："无妨，看看有什么方法补救一下，再不行，有几个月又长出来了。"

这是一位聪明的理发师，他巧用幽默的赞美让自己逃过了一劫。如果没有理发师故弄玄虚地看着宰相的肚皮，如果没有他借机赞美宰相肚里能撑船，又怎会让怒气横生的宰相突然转变发怒的态度呢？

聪明的理发师运用了诱导式幽默说话术，也验证了盛赞之下无怒气，赞美是消解别人怨气的良药。

一位贵族夫人傲慢地对法国作家莫泊桑说："你的小说没什么了不起，不过说真的，你的胡子倒十分好看，你为什么要留这么个大胡子呢？"

莫泊桑幽默地回答道："至少它能给那些对于文学一窍不通的人一个赞美我的机会。"

贵族夫人听到这句话，一脸的傲慢与偏见消失得无影无踪，莫泊桑的幽默让她不禁咯咯笑了起来，同时让她对莫泊桑这个人有了发自内心的认同感。

适度称赞，沟通的催化剂

用适度的幽默赞美语言与人沟通，可以尽快促成他人与自己关系的升温。适度的幽默赞美是成功沟通的催化剂，只要细心观察，你可以把对方的外表、穿着、服饰、品位、谈吐、内在的修为、学识、工作态度、精神、毅力等作为夸奖的重点。还可以就当时所处的周遭环境，包括办公室摆设，有纪念性的物品，对方的收藏、喜好，甚至见面的场合等，都可以就对方的选择，找出特色，予以幽默赞美。

幽默赞美需要发自内心，需要借助口头语言和眼神表达出来。我们随时可以找出特色赞美一个人，然而，若非发自内心，

真诚赞美，幽默是必要元素

> 你说你每次都看我的文章，那么我的文章都刊登在哪里？

不真诚的赞美，给人一种虚情假意的印象，或者会被认为怀有某种不良目的，被赞美者不但不会感谢，反而会讨厌。

> 小姐，您真苗条。

> 什么？说我苗条，我知道你是在骂我。

你的眼中流露出的"不真"，马上会被识破；如果你并非真正认同，宁可一句话不说，只点头微笑，反而更为得体。幽默赞美最忌讳"过犹不及"，在沟通交谈中，如果每次见到一个人，老盯着同一件事猛献殷勤，也会叫人受不了。

于明明手下曾有一位女性员工，性格非常外向，而且嘴巴很甜。而于明明爱漂亮，又会搭配衣服，稍一动手，就能"变"出很多一套套的新衣服。而那位"嘴甜"的员工，却是于明明的苦恼之一，因为每天早上她一到公司，对方的眼睛就盯着她转："经理，又买了一套新衣服对不对？颜色好漂亮啊，穿在您身上就是不一样。"隔天一见面，又来了："看看看，又一套啊，很贵吧？还有项链、耳环，也是新的吧？我就缺这个本事，不会搭，像您……"有时，她会对着客户"恭维"她的经理，说辞几乎都一样："在我们经理的英明领导之下，我才有今天的成绩，好多人都问我，跟着经理多久了？其实也没多久啦，但是她善于识人用人，肯教我嘛，对不对？"

于明明被她的过分"恭维"及不诚实的眼神弄烦了，只好告诉她："不是你没见过的就是新衣服，我有些衣服已买了五六年了，只是保养得好，配来配去就不一样啦，你一嚷嚷，人家以为我多浪费啊，怎么天天买新衣服，以后请不要再说我的衣服啦。"而当她得知这位女员工在她面前说得甜如蜜，背后却对客户中伤她时，她一点也不惊奇，因为她早就从对方的"过度恭维"中看出"玄机"了。

出乎意料，让人喜出望外

赞美要有新意，需要独具慧眼，善于发现一般人很少发现的"闪光点"和"兴趣点"，即使你一时还没有发现更新的东西，也可以在表达的角度上有所变化和创新。对一位公司经理，你最好不要经常称赞他如何经营有方，因为这种话他听得多了，

> **与众不同的赞美最中听**
>
> 老板,您走路的时候真是风度翩翩啊!
>
> 小伙子,还很少有人夸我的走路姿势呢。
>
> 正如有人所说,"一点新意,一片天空",这种从细微之处赞美别人的方法更加有效。赞美要有新意,需要独具慧眼,要善于发现一般人很少发现的"闪光点"和"兴趣点"。

已经成了毫无新意的客套话了;倘若你称赞他目光炯炯有神,潇洒大方,他反而会被感动。

新颖的语言,有趣的表达,是有魅力和吸引力的。即使简单的赞美也可能是振奋人心的,但是一种本来不错的赞美方法如果多次单调重复,也会显得平淡无味,甚至令人厌烦。一个女人说,她对别人反复夸奖她长得很漂亮,已经感到厌烦了,但是当有人告诉她,像她这样气质不凡的女人应该去演电影时,她笑了。

毛阿敏在哈尔滨演出时，《当代大舞台》的节目主持人是如此将她介绍给观众的：

主持人："请问毛阿敏小姐，您是从哪里来的？"

毛阿敏："哦，我从北京来。"

主持人："您像一只美丽的蝴蝶给冰城哈尔滨带来了欢乐，请问这次能停留几日呢？"

毛阿敏："五天。"

主持人："我们冰城的朋友热烈欢迎您的到来，但愿您与《当代大舞台》永不分手。"

主持人巧借毛阿敏的成名歌曲《思念》来向她发问，显得亲切而诙谐，同时也激起了演唱者与观众的热情，创造了良好的舞台气氛。

如果主持人只说公式化的套词，那观众就会觉得乏味，毛阿敏也不可能留下深刻印象。妙语连珠的赞美，既能显示赞美者的才能，也能使被赞美者更快乐地接受。

相互赞美，让办事更容易

初次见面，适当的幽默恭维是有礼貌、有教养的表现。幽默不仅可以让对方心生好感，而且可以和对方在心理上、情感上靠拢，缩短彼此之间的距离。

1987年4月底，欧阳奋强到香港参加电视剧《红楼梦》首映式，他是饰演贾宝玉的演员。欧阳奋强一踏进机场休息室，

恰当赞美，让你如鱼得水

赞美是一种有效的爱情技巧，而幽默的加入能在很短时间内拉近彼此之间的距离，消除戒备的心理隔阂。如果懂得说一点略带幽默的"花言巧语"，那么获得芳心也就指日可待了。

> 将军，您居功至伟却最不喜欢他人的阿谀奉承，您真是令我们高山仰止，我们都应该向您学习啊。

爱听赞美的话是人的天性，但是赞美要有一个度。赞美不是虚伪的浮夸，更不是用于溜须拍马的花言巧语，而是要真正去发现他人身上的闪光点。

亚洲电视台知名演员方国姗就挤到他身边，热情地说："你是欧阳奋强吗？我叫方国姗，很多人都说我长得像你。""方小姐比我长得漂亮多了。"欧阳奋强说。亚视艺员领班高先生风趣地说："方小姐可是香港的贾宝玉呀。"

这番相互赞美的话自然贴切，让现场气氛变得热烈而和谐。

言辞反映一个人的心理，轻率的说话态度会让对方产生不快的感觉。因此，幽默赞美也不要太离谱，以免别人觉得你太虚伪。

儿子想求母亲为他买一条牛仔裤，但儿子怕遭到母亲的拒绝，因为他已经有一条牛仔裤了。于是儿子采用了一种独特的幽默方式，他没有像其他孩子那样苦苦哀求或撒泼耍赖，而是一本正经地对母亲说："妈妈，你是世界上最好的妈妈，你见没见过一个孩子，他只有一条牛仔裤？"

这颇为天真但略带计谋的问话，一下子打动了母亲。过后，这位母亲谈起这事，说出了自己当时的感受："儿子的话让我觉得，若不答应他的要求，简直有点对不起他，哪怕在自己身上少花点，也不能太委屈了孩子。"

一个孩子，以一句反问话就说服了母亲，实现了自己的愿望，他让母亲觉得自己的要求是合情合理的，而不是过分的，何况儿子在提要求之前已经以赞美之词获得了妈妈的欢心。

| Part11 |
拒绝幽默——在诙谐中保全你我情面

巧言妙语，拒绝之中有智慧

自尊之心，每一个人都有。因此在拒绝别人时，要顾及对方的面子。拒绝他人，不妨采取幽默拒绝的技巧，这样可以把拒绝带来的挫折感或遗憾最小化，既不伤害对方的自尊与感情，又取得对方的谅解和支持。

雨果成名后，一张张请帖雪片般飞来，该怎么办？直接拒绝显得没有礼貌，于是他想出了一个好办法：拿起剪刀，咔嚓咔嚓，把自己的半边头发和胡子剪掉。当有人敲门进来说"请您参加……"时，雨果笑嘻嘻地指着自己的头发和胡子说："哟，我的头发和胡子变成这样，没办法出门了，真遗憾！"邀请者只好悻悻而走，却又因此情此境而大大消除了被谢绝引起的不悦。当雨果的头发长齐后，又一部巨著问世了。

有一次，林肯受邀在某个报社的编辑大会上发言，林肯觉得自己不是编辑，却出席这次会议，很不相称。所以，他想拒

下令逐客，需要幽默的圆融

以热代冷的幽默逐客法：需要用热情的语言、周到的问候代替冷若冰霜的表情，使喜欢闲聊者在"非常热情"的主人面前感到今后不好意思多登门。

> 不麻烦了，不麻烦了，我先告辞了！

> 吃水果、喝茶，我再去给你切个西瓜啊！

以攻代守的幽默逐客法：用主动出击的姿态堵住喜欢闲聊者登门来访之路。先了解对方会几点到你家，不妨在他来访之前先登上他的家门。

> 你说一会儿去我家，我一想还是别让你折腾了，所以我就过来了！

绝出席。他是怎样做的呢？

他给大家讲了一个小故事：有一次，我在森林中遇到了一个骑马的妇女，我停下来给她让路，可是她也停了下来，目不转睛地盯着我的脸看了很长时间。她说："我现在才相信你是我见过的最丑的人。"我说："你大概讲对了，但是我又有什么办法呢？"她说："当然，你生就这副面容是没有办法改变的，但你可以待在家里不要出来呀。"大家为林肯的幽默开怀大笑。

林肯借一个故事，对自己奚落了一番，当然，故事中的妇女很可能不存在，只是林肯编造出来的，然而"她"却很好地表达了林肯不想参加编辑大会的意思，让人在开怀一笑中忘却了被拒绝的尴尬。

在拒绝别人时，采用幽默的方式往往能使对方对委婉回绝能够心领神会，从而避免了尴尬。

诙谐言语，婉言拒绝

王麻子是个极爱占小便宜的人，常常在别人家白吃白喝，吃完了上顿等下顿，住了两天接三天。一次，他在一朋友家里吃了三天后，问主人："今天弄什么好吃的呀？"

主人想了想，说："今天我们弄麻雀肉吃吧！"

"哪来那么多麻雀呢？"

主人说："先在石磨上撒些稻谷，趁麻雀来吃时，就用牛拉上石磨一碾，不就得了吗？"

慢点说是，笑着说不

人的一生几乎有一半的麻烦是由于太快说"是"、太慢说"不"造成的。幽默是为了让拒绝、批评在开心一笑的掩护下更快说出来。

哦，我知道你是在拒绝我。

你知道吗？我特别喜欢吃冰激凌，尤其是香草味道的。男人就像各种口味的冰激凌，但是每个人钟爱的口味不同，在我眼中你是草莓味的冰激凌。

对一些不合理或不合自己心意的事要勇敢拒绝，但怎样说才能既不伤害对方自尊心，又能达到拒绝的目的呢？慢点说"是"，笑着说"不"，将会是屡试不爽的好方法。

王麻子连连摇手说："这个办法不行，还没等石磨动起来，麻雀早就飞跑了。"

主人一语双关地说："麻雀是占惯了便宜的，只要有了好吃的，怎么碾（撵）也碾（撵）不走。"

聪明的主人在这里通过委婉的一语双关法，巧妙地借助麻雀贪吃的习性讽刺了王麻子的品行。虽然表面上在说麻雀，实质上是在委婉地向王麻子下逐客令。

克诺先生来到一个陌生的城市，走进一家小旅馆，他想在那里过夜。

"一个单间带供应早餐要多少钱？"他问旅馆老板。

"不同房间有不同的价格，二楼房间15马克一天，三楼房间12马克一天，四楼10马克，五楼只要7马克。"

克诺先生考虑了几秒钟，然后提起箱子就走。

"您觉得价格太高了吗？"老板问。

"不，"克诺回答，"是您的房子还不够高。"

从克诺先生的表达中明显看得出，克诺对房间的价格并不满意，一句"还不够高"既指出了房子按照楼层定价的荒谬，又表示了自己不会接受这个价格，语言幽默却含义深刻。

一般说来，幽默应避免敌意和冲突，否则，幽默效果就会被减弱。从这个意义上讲，婉言曲说最适合构成幽默。

逻辑引导，巧踢回传球

有一次，萧伯纳需要做一个很复杂的骨科手术。手术做完后，医生想多收一点手术费，便说："萧伯纳先生，这是我们从来没有做过的新型手术啊！"

萧伯纳当然听出了医生的言外之意,但向病人收取额外的手术费,显然是不合规定的,萧伯纳也不愿意再给医生小费,但又不便明确拒绝,便假装顺着另一层意思说下去:"这太好了!请问你们打算支付我多少试验费呢?"

医生顿时愣住了,只好讪讪离开。

萧伯纳的逻辑是:既然你要强调这是从来没有做过的新型手术,那我的身体就变成试验品了!萧伯纳合理地从对方的话里引出了一个合乎逻辑的相反结论,巧踢"回传球",让对方哑巴吃黄连——有苦说不出。萧伯纳正是在拒绝中绝妙地应用了幽默的逻辑。

有一次,一个人问艾森豪威尔将军一个有关军事机密的问题,艾森豪威尔将军对那个人低声说:"这是一个机密问题,你能替我保密吗?"那个人连忙说道:"我一定能!"艾森豪威尔将军则回答道:"那我同样也能!"

小李从一个朋友那里借了一架照相机,他一边走一边摆弄着,这时刚好小赵迎面走来了。他知道小赵有个毛病:见了熟人有好玩的东西,非得借去玩几天不可。这次看见了他手中的照相机又非借不可了,尽管小李百般说明情况,小赵依然不肯放过。

小李灵机一动,故作姿态地说:"好吧,我可以借给你,不过你不能再借给别人,你做得到吗?"小赵一听,正合自己的意思。他连忙说:"当然,当然。我一定能做到,绝不失信。"后面还追加一句说:"绝不失信,如果失信还算是人吗?"小李斩钉截铁地说:"我也不能失信,因为我也答应过别人,这个照相机绝不外借。"听到这儿,小赵也目瞪口呆了,借照相机这件事也只有这样算了。

通过设问,抛砖引玉,以对方的回答来作为拒绝的依据,使对方就此作罢,因为人不可以出尔反尔,自我推翻。小李灵活的逻辑思维加上机智的口才,把小赵绕进了他自己的语言陷阱中,让自己的拒绝变得笑中带力。

在选择拒绝技巧的过程中,我们要知道,拒绝对方的最有力武器,往往是对方自身。我们应该懂得引导对方的思维,从对方口中找到自己拒绝对方的理由。

借助暗示,善于说不

美国出版家赫斯脱在旧金山创办第一份报纸时,著名漫画大师纳斯特为该报创作了一幅漫画,内容是唤起公众舆论,让电车公司在电车前面装上栏杆,以防止意外伤人。然而,纳斯特的这幅漫画是失败之作,发表这幅漫画,会影响报纸的口碑,但不刊登这幅画,怎么向纳斯特开口呢?

当天晚上,赫斯脱邀请纳斯特共进晚餐,先对这幅漫画大加赞赏,然后一边喝酒,一边唠叨不休地自言自语:"唉,这里的电车已经伤了好多孩子,多可怜的孩子,这些电车,这些司机简直不像话……这些司机真像魔鬼,瞪着大眼睛,专门搜索着在街上玩耍的孩子,一见到孩子们就不顾一切地冲上去……"

听到这里,纳斯特从座椅上弹起来,大声喊道:"我的上帝,赫斯脱先生,我要画一幅更好的漫画,我原来寄给你的那幅漫画,请把它扔入纸篓吧。"随后两人在笑声中结束了愉快的晚餐。

赫斯脱通过自言自语的方式,幽默地暗示纳斯特的漫画需要进一步修改,让纳斯特欣然地接受了意见。

通过身体动作也可以把自己拒绝的意图传递给对方。当一个人想拒绝对方继续交谈时,可以做转动脖子、用手帕拭眼睛、按揉太阳穴以及眉毛下部等漫不经心的小动作。这些动作传达着一种信号:我感到有些疲劳、身体不适,希望早一点停止谈话。显然,这是一种暗示拒绝的方法。微笑的中断、较长时间的沉默、目光旁视等也可表示对谈话不感兴趣、内心比较为难等心理活动。

婉转拒绝,优化社交

1799年,年轻的拿破仑·波拿巴将军在意大利战场取得全胜凯旋。从此,他在巴黎社交界身价倍增,也成为众多贵妇追逐青睐的对象。

然而,拿破仑对此却并不热衷。可是,总有一些人硬是紧追不放,纠缠不休。当时的才女、文学家斯达尔夫人,连续几个月一直在给拿破仑写信,想结识这位风云人物。在一次舞会上,斯达尔夫人头上缠着宽大的包头布,手上拿着桂枝,穿过人群,迎着拿破仑走来。拿破仑躲避不及,斯达尔夫人把一束

> **幽默拒绝，化解尴尬**
>
> 周末我们去钓鱼，你去不去？
>
> 其实我是个钓鱼迷，我也很想去。可成家以后，周末就经常被"没收"啊。
>
> 敢于说"不"，诚然不易，而善于说"不"，则更加难得，所以幽默是拒绝的最好方法。

桂枝送给拿破仑，拿破仑说："应该把桂枝留给缪斯。"

然而，斯达尔夫人认为这只是一句俏皮语，并不感到尴尬。她继续想方设法地与拿破仑纠缠，拿破仑出于礼貌也不好生硬地中断谈话。

"将军，您最喜欢的女人是谁呢？"

"是我的妻子。"

"这太简单了，您最器重的女人是谁呢？"

"是最会料理家务的女人。"

"这我想到了，那么，您认为谁是女中豪杰呢？"

"是生孩子最多的女人，夫人。"

他们这样一问一答，拿破仑在幽默的回答中达到了拒绝的目的。斯达尔夫人也知道了，拿破仑并不喜欢自己，于是作罢。

小王毕业以后应聘到一个小公司工作，每天的工作就是打杂，开始很失意，成天和一帮哥们儿喝酒、打牌。后来逐渐醒悟过来，开始报名参加职业等级考试。

有一天晚上，他正在埋头苦读，突然一个电话打过来，叫他去某位朋友家集合，一问才知道他们"三缺一"。小王不好意思通过讲大道理来拒绝他们的要求，也不想再像以前一样没日没夜地玩了，便回答说："哎呀，兄弟啊，我的酸手艺你们还不清楚啊，你们成心让我'进贡'啊，我这个月的工资已经见底了。"一阵哄笑后，对方也不好强求，后来他们都知道小王已经开始认真复习，也就不再打扰了。

小王面对自己不愿意参与的交际，先诚恳地表达了自己的"笨拙"，即自己不擅长打麻将，并幽默地说那是自己手艺太差了，言外之意是自己去了也会影响大家玩牌的兴致。小王的拒绝艺术在于，懂得用自嘲的方式委婉处理。

巧妙拒绝，让对方知难而退

有一位热情的小伙子向一位美丽的姑娘表达了自己的爱慕之情，但是这位美丽的姑娘并不喜欢这位小伙子。

在小伙子真情告白完之后，姑娘问："你是真心喜欢我吗？"

灵活拒绝，学会化解为难

> 我想请您去电视台发表讲话，每小时酬金为1000美元。

> 噢，基金会最近寄给我的面值1500美元的支票，我倒挺喜欢的。不过，我把它当作书签用，后来它连同那本书一起丢了。

在为人做事的过程中经常遇到令自己为难的事情，通过巧妙的拒绝，可以获得他人的理解，以至于不伤和气，而简单的一口回绝可能会让自己处于尴尬之中。

小伙子说："当然了，我保证自己是真心喜欢你，我对天发誓……"

姑娘问："那你有什么证据可以证明你爱我呢？"

小伙子热切地说："我的心，我用我这颗真诚的心可以证明。"

姑娘笑了笑，说道："呵呵，真的很对不起，你是唯'心'主义者，而我是典型的唯'物'主义者。唯心主义者和唯物主义者怎么能够在一起呢？"

姑娘明明知道小伙子说的"真诚的心"是和哲学名词不同的，但是姑娘将错就错，机智地将小伙子的那颗"真诚的心"说成了是唯心主义，然后通过自己的唯物主义思想立场，将拒绝巧妙委婉、幽默地表达了出来。

在这则婉拒爱意案例中，我们可以发现拒绝的语言，在一种因素的加入下会更容易让人接纳，那就是幽默。无论是义正词严的拒绝还是委婉的拒绝，拒绝者都可以巧妙地从对方的话语里找到拒绝理由的来源。拒绝者的聪明之处就在于这里，即使我拒绝了你，那也是因为你的表现不够充分。

能够得到别人的爱是一种个人魅力证明，能够巧妙地拒绝一份自己不情愿接受的爱更是一种魅力。在拒绝时，如果加入幽默的成份，就会使自己的拒绝更加容易被对方接受。

遭到拒绝，也不要丢了风度

遭受拒绝后，不同的人有不同的解决方式：有的人会愤慨地抱怨说"有什么了不起的"，有的人甚至会表现出一副要报复对方的样子，更有人会面带笑容，淡定离去，这样的人才是真正的智者。在面对拒绝的时候，保持好自己的风度，这才是从容理智地接受拒绝的态度。

当然，遭到拒绝要保持风度，并不一定必须以平静与微笑来面对拒绝你的人，当遭受到恶意的拒绝时，我们需要通过智慧的幽默口才为自己赢得风度。

一个富翁请一位画家为他画肖像。画家精心地为富翁画好了肖像，但富翁却拒绝支付事前商定的5000元报酬，理由是"你画的根本不是我"。不久，画家把这幅肖像公开展览，题名为《贼》。富翁知道后，万分恼怒，打电话向画家抗议。

"这事与你有什么关系？"画家平静地说，"你不是说过了吗？那幅画画的根本就不是你！"

最后，富翁不得不买下了这幅画。

面对恶意拒绝，画家并没有失去理智，他冷静地找到了对方的要害，以幽默的解决方法让对方就范。画家从富翁的言辞中，找到了解决问题的突破口。既然富翁自己说画家画的根本就不像他，那么画家也就可以随意处置这幅画了。面对富翁的再次质问，画家一句"你不是说过了吗？那幅画画的根本就不是你"，让富翁自取其辱。

面对拒绝，我们也可以幽默地从事情的结果出发，让拒绝者明白其中的利弊。

尤罗克是剧团经理人，在较长时间内和夏里亚宾、邓肯、巴芙洛丽这些名人打交道。尤罗克讲，通过和这些明星打交道，他领悟到了一点，就是必须对他们一些比较荒谬的念头表示赞同。他为夏里亚宾当了三年的剧团经理人，夏里亚宾是个令人难堪的人。比如，轮到他登台演唱的一天，尤罗克给他打电话，他却说："我感觉非常不舒服，今天不能演唱。"尤罗克和他争吵了吗？没有。尤罗克马上来到夏里亚宾的住处，对他表示慰问。

"真可惜,"尤罗克说,"你今天看起来好像真的不能再演唱了,我这就吩咐工作人员取消这场演出。但是,这样的话就相当于你用2000多美元打了个水漂,不,打水漂的话还能激起波纹什么的,应该是让2000多美元无影无踪了。取消就取消吧,反正身体才是最重要的。"

听完尤罗克幽默的描述后,夏里亚宾长叹一口气说:"你能否过一会儿再来?下午5点钟来,我再看看感觉怎样。"

下午5点钟,尤罗克来到夏里亚宾的住处。他再次表示了自己的同情和惋惜,也再次建议取消演出。但夏里亚宾说:"请你晚些时候再来,到那时我可能会觉得好一点儿。"

到了6点30分,夏里亚宾同意登台演唱,但有一个条件,就是要尤罗克在演出之前宣布歌唱家感冒了、嗓子不舒服。尤罗克说一定照此去办,因为他知道这是促使夏里亚宾登台演出的最好办法。

被拒绝了心里肯定不好受,那要怎样回应呢?有的人气盛,一句话就给人家顶回去了,搞得大家不欢而散。有的人虽然心里不痛快,却还能冷静下来,用轻松的语气继续沟通。显然后者是讨人喜欢的,能让对方也冷静地继续思考,并认为你很有涵养,转机说不定就会在此发生。

你如果因遭到拒绝而口出恶言,就彻底断绝了回旋的余地,而坚持心平气和,还能为今后顺利合作打好基础。因为一时的拒绝并不等于永远拒绝,甚至有可能是对方在考验你。

| Part12 |
恋爱幽默——幽默是恋爱的必杀技

接近异性,幽默是许可证

有很多人,特别是男孩子不敢尝试接近自己喜欢的女孩,因为他们害怕会遭到女孩的拒绝。其实,几乎每一个女孩都会以被众多男士追求而感到自豪和骄傲。因此,鼓起勇气,以一颗幽默的平常心走向你心中的那个漂亮女孩,勇敢地与她沟通,你将收获意想不到的惊喜。

男生:"同学,你应该赔偿我吧?"

那位女生一惊,面露愠色道:"赔偿什么啊?"

男生说:"刚才我在那边的时候,被你的眼睛电到了,你应该要赔偿啊,作为一个负责任的大学生,尤其是一个成年人,应该为自己的行为负责吧。"

女生笑了。

其实,与异性进行幽默沟通并不难。要充满自信,不要一

> **幽默表白，恋爱"撒手锏"**

如何才能巧妙而委婉地向心仪的人表达自己的感情呢？又如何才能让自己的爱情之路充满浪漫和温馨呢？答案是幽默的表白。

你是否愿意和我一起成为他们呢？

幽默的表白让你更轻易地打动异性的心。能够用幽默的语言来表明自己的心迹，不仅能够为你的感情增添很多浪漫，也能够避免可能会遭遇到的尴尬。

接触异性就显得紧张而不能坦然相处。当然，与异性幽默沟通时的相互尊重是必不可少的，否则将会带来不必要的误解。

马歇尔在公司驻地的一次酒会上，请求一位小姐答应让其送她回家。这位小姐的家就住附近，可是马歇尔开了一个多小时的车才把她送到家门口。"你来这儿时间不长吧？"她问，"你好像不太认识路。""我认为不能那样说，如果我对这个地方不太熟悉，我怎么能够开一个多小时的车，而一次也没有经过你家门口呢？"马歇尔回答说。

马歇尔的巧妙回答隐含了"我想和你多待一会儿"的意思，幽默的趣味尽在其中。在制造好感之前应该有充分的心理准备，让大脑处于活跃状态，以便于随时发挥。如果在与女士接近过程中，心理活动不够稳定，总是一种局促不安的状态，难免会产生不必要的窘态，幽默也就无从谈起。

自然幽默，滋生爱情火花

小伙子说："我很害怕你。"

姑娘一听，非常纳闷地问："我有那么可怕吗？"

小伙子说："因为我一见到你就魂不守舍，你不在我身边的时候，就把我的灵魂都带走了，让我每分每秒都在想念你。"

姑娘听到小伙子这样说，脸一下子就红了，对小伙子产生了说不出的好感。小伙子用这种幽默的方式，巧妙表达了对姑娘的浓浓爱意。

良好的幽默素养有利于感情的表达和交流，能够帮助人们更好地掌握爱情几个阶段的"火候"。如果我们能充分发挥幽默力量的作用，我们的爱情世界将会妙趣横生。不论是在情感进展顺利时的甜言蜜语，还是在磕磕碰碰时开出的玩笑，幽默总能逗起情感世界里的乐趣，让二人世界充满笑声。

投石问路，含蓄传达爱意

生活中有不少青年朋友，当爱情叩响心扉之时，虽然不乏开心和激动，但更多的却是不知所措，想让心中的她（他）知道，却又害怕让她（他）知道后与"美好姻缘"失之交臂。学会投石问路，让幽默为自己开口，勇敢追求才能得到真爱。

> 您点的当归蒸鳗鱼是苦的。

> 那我就是自投罗网。

> 我这是自讨苦吃。

在不敢肯定对方是否也对自己有好感时，可以实话虚说，既能摸清楚对方的心理，又能避免受到拒绝时的尴尬。当我们有了喜爱的人，一定学会抓住时机，间接不失幽默地表白你的爱意。

小青交上了一位胆怯、寡言的男朋友。他常去找她，很想接近她，但又没有勇气向她求爱。小青喜欢他的诚实，但又清楚地知道他的弱点。一个月亮当空的夜晚，万籁俱寂，他和她在小河边的柳树下坐着。为了打破僵局，小青努力想办法给他一个亲近的机会。

小青："有人说，男人手臂的长度等于女生的腰围，你相信不？"

小伙子说："你要不要找根绳子来比比看？"

"谁要你找绳子！"小青生气地责怪。

"你不是要量腰围吗？"小伙子突然冒出一句幽默的问话。

谁料想，正是小伙子这句冷不防的幽默让小青一下子没有了生气的欲望。

有趣的幽默口才能够赢得一份真挚的爱情，而拙劣的语言表达与思维方式，可能会断送掉一份难得的爱情。爱情需要幽默的调节，拥有幽默的人是聪明的，拥有幽默浇灌的爱情是浪漫和美好的。

别样幽默，尽显人情魅力

一位漂亮的女孩子在约会时总是迟到，她的男朋友一次次地忍受着。这一天，当女孩姗姗来迟的时候，她男朋友从背后拿出一束塑料花作为礼物送给了女孩。

女孩很惊讶地说："咦？你以前不是送我鲜花吗？今天为什么要送塑料花，塑料花的寓意不好吧？"

男孩子笑了笑说："因为在我等你的过程中鲜花已经凋谢

了，没办法就只能换成了塑料花啊。"

女孩子听到男朋友的回答，脸慢慢地羞红了，她深表歉意地对男孩子说，以后自己会注意的。

男孩子运用善意的幽默，适度巧妙地表达了自己的不满，并让女孩子轻松接受。而且女孩子对男朋友的幽默提醒深感敬佩，对男朋友的感情加深了很多。

特色幽默，不仅代表着性格上的特色，更具有一些专业的特色。毕竟每个人的性格不同，所喜欢的幽默风格会有所不同；所从事的工作不同，表现出来的幽默也会有所不同。

一位地理老师在给自己心仪的女孩子表白时，这样说："如果你是东半球，那么我就是西半球，我们需要在一起，因为那样就能够组成一个地球了。"

女孩却更加幽默地回复说："那就太孤单了，因为地球上就只有我们一对了。"

数学老师在告白的时候这样说："我美丽的小姐，你知道吗？你是正数，我是负数，既然我们都是有理数，就应该组合在一起呢。"

女孩子幽默回复说："可是结婚后，如果我们中有谁做出了非常无理的事情，那还叫有理数吗？"

拥有特色的幽默就是根据自身的处境、自己的喜好或者是自己从事的专业，而延伸出的一系列幽默。特色幽默来源于自身的特点，是个人魅力的充分展示。

幽默沟通，增强恋爱美感

幽默语言能增进爱人之间的感情，能让爱情长久保鲜。

男孩和女孩在同一个城市的两个大学读书。这次正碰上期末考试，两人都在紧张地准备。一天，女孩给男孩打电话说："我今天要用《大学英语考试指南》，你送过来好吗？"狡猾的男孩装作病恹恹地说："我也想给你送过去，可是我生病了，还病得不轻啊。"女孩一听就紧张起来："你怎么了？要不要紧？"

"唉，我得了一种很严重的病，叫相思病。"

女孩的眼泪在眼眶里打起了转，有一点点生气，但更多的是激动。从此，两人的感情更好了。

男孩借助"得了相思病"的诙谐式撒娇，让女孩深刻体会到了他的真挚情感。幽默不仅可以是恋人之间的情趣，也可以是一种感动。

在爱人、夫妻之间，一句表情严肃的"我爱你"固然不可少，用幽默方式表达爱意也是一个好方式。喜欢幽默似乎是我们的天性，如果爱能时不时地用幽默表达出来，对方感受到的，不仅是有趣，更是一片真情。

李国文的小说《月食》中有这样一段对话：

她甜甜地一笑……"你知道那种花叫什么名字吗？啊？还

恋爱绝技，避免说话无趣

> 这要看他是否同意我早点娶你了。
>
> 你喜欢我爸爸吗？

在追寻爱情的沟通中，表达并不一定都是直接的，有时用些有趣的方法间接表达出来，反而能够触人心弦，营造出很别致的气氛。用点儿心思，不管是含蓄也好，轰轰烈烈也好，使用生动的表达，绝对会有加倍的效果。不仅如此，多年之后，彼此回想起来，也是别有一番滋味。

> 如果今天这个实验成功了，我就娶你吧！
>
> 那咱俩要努力哦！

是个记者呢！连那都不明白，我从大辞典上把它找到了，你猜猜叫什么？一个恰好的名字。"

伊汝望着她那恬静的脸等待着。

"勿望（忘）我！"她轻轻地吐出了这三个字。

"勿望我"即"勿忘我"也！这样的幽默多么高雅，多么令人心醉啊。

有位小伙子抄了一首诗赠送女友："生命诚可贵，自由价更高；若为爱情故，两者皆可抛。"

女友说："这诗抄错了。"

小伙子说："没错，就要这个意思。"

女友问："什么意思？"

小伙子："你若不爱我，我就不要命了——生不如死；你若爱我，我就不要自由了——随你管制。"

这样的"曲解"很幽默，表达的爱情也够强烈，女友听了能不心花怒放吗？

莎士比亚说："你有舌头吗？如果你不能用舌头博取女人的心，你就不配称为男人！"向心爱的人表白很有可能决定你一生的爱情归宿，是一件十分严肃而又颇为困难的事，因此，你有必要费一番心思和口舌来把这件事做得漂亮成功。

爱有阴晴,幽默是和事佬

彤与舟是大学同班同学。在一次大学生辩论会上,舟敏锐的思维、犀利的语言、雄辩的话语俘获了彤的芳心。大学毕业后,他们来到同一个城市工作。

正当彤怀着迫不及待的心情准备与舟共筑爱巢时,彤的同学却告诉她,最近,她经常看到舟与一个靓丽的女孩子在一起。为此,彤指责舟对爱情不忠贞,见异思迁,舟解释说,那是他表妹,她刚来到这个城市,求舟帮她找一份工作。可彤根本不信,还说舟在欺骗她,并闹着要与他分手。深爱着彤的舟当然不愿失去心上人呀。于是,舟对彤说:"人们都说你是才貌双全的美女,你怎么不想一想呀,除你之外,我真想不出有第二个愿意和我恋爱的。你瞧,我老气横秋,长相'有损市容',写尽了人生的沧桑和苦难;再瞧我这条件,一下子就容易让人们联想到刚遭遇过洪水灾害的困难户、重灾户,我现在最向往的是如何尽快'脱贫致富',以报小姐的知遇之恩,哪敢花心哟。"

一席话说得彤转怒为喜,忍俊不禁。

舟的这番爱情表白,可谓妙语连珠,谐趣横生。究其原因,其用词的"类比联想"起着极大作用。两个人发生争执时,男士最好采用这种贬损自己的幽默方法来达到取悦女士的目的,这样她的怨气会立刻消散。

雅倩非常喜欢跳舞,男友小张偏是个好静的人,正在复习

幽默情话，帮助爱情保鲜

认识你是我这一生中最大的幸福，你简直是我黑暗中的电灯泡……

去，你给我离远点儿。既然我是电灯泡，那你小心触电。

这样的甜言蜜语，能不让女孩子更加动心吗？我们总说，恋爱使人的生命焕发出甜美的光芒，而恋人的笑容则是爱情甜蜜的芬芳。令恋人如沐春风的不仅仅是玫瑰花，还有你幽默睿智的情话。谈恋爱，偶尔来个幽默就像变魔术一样，总是那么令人心驰神往，令人迷醉。散发着机智的甜言蜜语，令你在恋人面前充满了难得的魅力。

你问我的心跑到哪里去了，你还真是健忘，你忘了上回我们约会的时候，你已经让我把心交给你了啊。

亲爱的，听说你最近工作不是很顺利，没什么效率，是不是没用什么心思，心跑哪里去了呢？

准备参加职称考试,常被她拉去"看"舞。雅倩有个很不好的习惯,不跳到舞厅关门不尽兴,久而久之小张受不了了。有一次他们从舞厅出来已是夜里12点多了,小张说:"你的慢四跳得很棒,我还没看够。你一路跳回宿舍怎么样?"雅倩撒娇地说:"你想累死我啊?"小张一副认真的样子:"不要紧,我用快三陪你跳。"雅倩扑哧一乐:"亏你想得出来,丢下我一个人,也不怕我碰上坏人啊?"小张这时言归正传:"那你在舞厅时丢下我一个人,也不怕我打瞌睡被人掏了包儿?"雅倩这时才知道男友压根儿没有兴趣看别人跳舞,以后就有所收敛了。

当我们无意中让恋人生气了,不妨像小张一样运用幽默的战术,可以比较轻松地将对方生气的时间缩短,让他(她)怨气全消。毕竟很少有人不喜欢接受真诚、诙谐的道歉方式。

| Part13 |

婚姻幽默——笑到白头，婚姻长青

巧设"圈套"，达到目的

萨拉拿出放在衣橱上面的旧呼啦圈，当弗兰克又为他们的婚姻提出条件时，她说："请你拿着这个呼啦圈，我从中间跳过去。"

"这是干吗？"弗兰克问。

"噢，亲爱的，"她说，"我似乎注意到，你是多么愿意让我跳进你设的'圈套'里，以证明我爱你。你觉得我们可以谈谈这个问题吗？"

"你在说什么呢？我没那么做过。"弗兰克说。

"我相信你没有意识到你那么做了。我知道你爱我，但是这一切感觉就像一系列没完没了的考验。"

"圈套，嗯？"他说，"好吧，我们谈谈。"

然后弗兰克一笑，那是萨拉最喜欢的笑容。弗兰克说："在我们谈正事之前，你觉得你能先跳过这个呼啦圈吗？"

幽默良剂，升华夫妻感情

你再喝酒，我们就分居！你睡外面，我睡卧室！

在一个房间也可以的，你睡床的左边，我睡右边，怎么样？

俗话说得好，平平淡淡才是真，婚姻生活就像是一杯白开水，你放点盐它就咸，放点糖它就甜，放点幽默它就是温暖的。当看到你的另一半悲伤的时候，要适当地给他（她）补充一下幽默的笑料，这将会是最好的心情安慰剂。

这句话一下子冲淡了紧张气氛。从此之后，两人的关系不再那么紧张。妻子是多么明智且富有生活情趣啊，面对夫妻之间的紧张关系不是只想着抱怨，也没有装作视而不见，而是借助了幽默的方式，让紧张的气氛变得充满了喜剧效果。

妻子在厨房做饭，忙得满头大汗。丈夫却坐在餐桌边悠闲地说："讲到吃，我最有研究。譬如吃猪脑补头脑，吃猪脚补筋骨，吃……"

这时，妻子端来一盘炒猪心，放在餐桌上，丈夫夹一块放进嘴里,边吃边问妻子:"你知道这猪心、猪肺补的是什么?"

"是补那些没心没肺的人。"妻子不耐烦地答道。

从妻子的表达中,我们可以发现她的丈夫是个很自私,不愿意为家庭、为爱人付出的人。他只管自己一个人舒服而看不到妻子的忙碌,妻子则巧妙地通过对吃的看法,借机委婉地表达了自己的意见,让丈夫能够听出言外之意。

虽说家庭是个应该坦诚相待的地方,但是给对方巧设"圈套",从而委婉说出心里话,实际上是经营婚姻的智慧之法。通过"圈套",让另一半了解自己的想法,委婉表达出自己的不满,这样可以避免双方因为意见不合而大动肝火。

夫妻争吵,需要适度幽默

即使最恩爱的夫妻,也难免发生争吵。一般口角,吵过之后也就完了,但是如果争吵起来不加控制就可能激化矛盾,引出意想不到的坏结果。所以,夫妻争吵有必要控制好"度"。

有的夫妻争吵时,喜欢把过去的事情扯出来,翻旧账,历数对方的"不是"和"罪过"。这种方式很愚蠢,夫妻之间的旧账很难说得清。如果大家都翻对自己有利的那一页,不但无助于解决眼下的矛盾,而且还容易把问题复杂化,让新账旧账纠缠在一起,加深怨恨。夫妻争吵最好"打破盆说盆,打破罐说罐",就事论事,这样处理问题,才容易化解眼前的矛盾。

如果在夫妻争吵到一定程度的时候,一方能投之以幽默,则另一方也会还之以幽默,这样才能够将矛盾化解,让争吵平息。

一次，丈夫陪妻子上街买衣服，从上午逛到晚上也没有买到合适的衣服。因为无论妻子试穿哪一件衣服，丈夫总显出一副心不在焉的样子，附和着说好看。疲惫不堪的妻子最后质问道："你这个人怎么能这么随随便便？"

丈夫看到妻子发火了，赶忙补救说："当初我也是这么随随便便就把你选中了，可是你挑中我却是经过精挑细选的啊。"

妻子听到这句话，一下子笑出声来，怨气消退了一大截。

丈夫巧妙地把自己的"随随便便"说成是妻子"精挑细选"的结果。不仅指出了挑中自己对妻子来说是件不容易的事情，也将妻子"精挑细选"的结果幽默了一把。

如果夫妻在争吵中，由于激烈程度过高，确实没有时间或没有机会幽默的话，也要注意吵架时候的语言应该有尺度，不能对另一半的缺陷进行恶语攻击。

特别是当自己理屈词穷、处于不利态势时，就可能把矛头对准对方的短处，挖苦揭短，以期制伏对方。有道是"打人莫打脸，骂人不揭短"，任何人都最讨厌别人恶意揭短，这样做只会激怒对方，扩大矛盾，伤及夫妻感情。

幽默自嘲，拨动伴侣心弦

自嘲运用得好，可以使交谈平添许多乐趣。自嘲是当事者采取的一种貌似消极实为积极的、促使交谈向好的方向转化的手段。恰当的自嘲，在夫妻生活中具有重要的调节意义。

一位丈夫要出国深造，妻子半开玩笑地对他说："你到那个花花世界，说不定会看上别的女人呢。"丈夫笑了，调皮地说："问题是谁看得上我呀。你瞧瞧我这副尊容，瓦刀脸，罗圈腿，大眼泡，招风耳，站在大街上我都怕别人把我当成外星人呢。"说得妻子开怀一笑。

丈夫的自嘲，隐含让妻子放心的意思。这比一本正经地发誓，更富有诗意和情趣。敢于自嘲的人往往不失大家风范，这是幽默的最高境界。自嘲运用得当，能够增添夫妻交往的情趣，促进夫妻之间和谐相处。

有一对老夫妻吵架后，彼此都不愿意先开口说话。在冷战了几天之后，老先生已经忘记了两个人之间的不愉快，想找机会与老太太说上几句话，可老太太的记性还是太好，对老头子犯的错依然记得清楚，不愿意搭理他。

正在老先生不知道如何是好的时候，就在屋里到处乱翻了起来，看到老头子晕头转向地翻找，老太太终于忍不住了，她对老头子喊道："你找什么呢？至于把家里翻成这样吗？"

老先生这才一拍脑门，说道："我已经老糊涂了吗？没有你记性好，要是没有你在身边督促着我，我就是这样一副没头没脑的样子啊，什么东西都找不到。"

老太太听到老头子这么夸赞自己，着实高兴了一番。既然老头子已经道歉了，自己也就没理由一直硬撑下去。最后，老太太与老先生重新和好。在整个和好过程中，老先生对自己的

会说笑语，找回爱的热情

你昨天在公司开会的讲话稿还在吗？你快拿来给我念念。昨天开会时，你说你念稿的时候大家在下面都睡着了。现在你也念给我试试嘛。

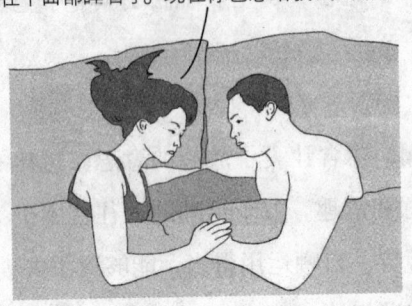

两个人相处时间长了，新鲜感就会逐渐减弱，这时就需要一些"催化剂"来让感情再次发酵。而幽默这种人人喜欢的方式，正好可以充当这个光荣的角色。一句看似不经意的幽默语言，却能拨动爱人的心弦，反过来又影响到你的心情，相互间的感情自然可以得到增进。

哈哈，普通的书看完了可就得换新的。我看你还是做《现代汉语词典》吧。

我看以后我还是变成一本书吧，这样你就可以整天把我捧在手上。

幽默嘲讽，以及对老伴的巧妙奉承起到了不可替代的作用。

别出新意，爱到难舍难分

情人节那天，老公和妻子商量："送你什么礼物呢？你现在正在减肥，出去吃一顿不合适，送一大块巧克力更不合适！"妻子说："那就送花！"他挠了挠头："好吧，那就送你玫瑰花，你要9朵、19朵，还是39朵？"

妻子想了想，决定给他出一个难题："咱们都老夫老妻了，玫瑰花就免了，你能不能有点儿创意，送一种能给我带来惊奇的花呢？"老公眼巴巴地望着妻子，若有所思……

那天晚上，妻子早早回家打扮了一下，在家里等着他。门开了，老公两眼含笑，双手捧着一个盒子站在那儿，那是——妻子喜欢吃的麻花！然后说："老婆，你最爱的花，我已经买到了，我爱你！"

妻子看到最爱的麻花，听到老公说的贴心话，幸福地掉下了眼泪，扑到了老公的怀里。

当爱情归于平淡之后，朴实无华的浪漫往往才是最能让人感到幸福的东西。但是切不可因为爱情的平淡，就不把甜言蜜语放在心上，平淡的婚姻更需要用心经营。如果因为平淡就懒得再说好听的话语给自己的伴侣，那么你绝对是一个不称职的老公或者妻子。

在日常生活中，不要感觉到羞怯，对自己的爱人说甜言蜜

女人之幸，家有幽默老公

> 你为什么对我这么好？

> 不能批评你的缺点或怪你做错事。要知道，你就是因为有缺点，有时会做错事，才会退而求其次，嫁给了我。

人们常说，一个成功男人的背后一定有一个能干的女人。成功人士之所以能取得很大的成就，很多时候都是因为有和睦的家庭作为坚实的后盾。做一对幽默的夫妻，家庭就能禁得起平淡日子的磨损。在充满幽默气氛的家庭里，家庭成员之间一般不会出现关系紧张的情况。

> 大概只有我一个人吧！

> 我和你结婚，你猜有几个男人会失望呢？

妻子本来的意思是对丈夫说：你娶到我是你的福气，有好多人都因为没有得到我而失望呢。丈夫却故意幽默地反对妻子的意思，让妻子在会心一笑中明白丈夫对她的爱。

语是一种很光荣的事情，不要以为甜言蜜语说出来就是为了一时的气氛，仅仅是为了逗对方开心。事实上，甜言蜜语对整个爱情的巩固作用是很大的，它是爱情运转的润滑剂。

从心理上讲，男人与女人对甜言蜜语有不同的理解。对女性来讲，很多时候语言比行动更为重要。因为女性要求被承认的欲望很强，恋爱中的女人就更不用说了，就是在结婚后，女人也爱问："亲爱的，你爱我吗？"她时常要求确认"爱"，而对此退却的大多是丈夫。在男人看来，不管如何爱她，"我爱你"这三个字只要讲过，就不想说第二次。男人总是这样认为，我是否爱你，可以在实际行动中表现出来。

所以，做丈夫的要把你的爱通过趣味十足的甜言蜜语幽默自然地表现出来，让她时刻体会到你深爱着她，并时时创造一种美妙的生活环境取悦于她，那样夫妻的感情会一天比一天深厚，妻子对丈夫的爱也会一天比一天深。

中和醋意，幽默是秘密武器

爱情是自私的，爱情中的男女都要求对方的眼睛里只有自己。因此，在爱情的世界里常常会出现闹情绪的状况，闹情绪的大多数原因是吃醋。不管是男人还是女人，"醋意"是人之常情。毕竟一个男人不会乐意自己的女朋友或者妻子跟别的男人亲密地走在一起，一个女人更是反感自己的另一半与别的女人有什么眉目传情。

一对新婚不久的夫妇在街上手牵手地走着，突然迎面过来了一位时尚的漂亮女孩，做老公的或许只是下意识地多看了那个女孩几眼,结果被老婆发现了。老婆的脸色顿时就变了,质问道:"整天就知道看美女,也不怕把眼睛看歪了。"

老公看到老婆生气了,连忙解释说:"老婆不要生气啊,我可不是在看美女,我是在帮你留意时尚穿搭风格。看看你今年穿什么衣服最漂亮啦。"

尽管老婆还在生气,但是听着老公这么幽默的解释,也就不再追究。

在婚姻世界中,两个人难免出现吃醋与生气的事情。这个时候不要当作什么都没有发生,也不要一味地放纵对方,要将自己的意见幽默地表达出来。

有一对夫妻本来是高高兴兴地去参观一个美术展览,可是当他们走到一幅女性肖像油画前面的时候,丈夫却久久不愿意离开,甚至对着油画发呆。妻子看到丈夫的"魂不守舍",气得不得了。

但是这位妻子比较聪慧,她怕直接发脾气会给老公带来自尊上的伤害,于是打趣地对老公说:"嗨,亲爱的,难道你要站在这里等着太阳下山吗?"

妻子的幽默提醒让丈夫很快从看画的思绪中走了出来,并对妻子报以歉意的微笑。

幽默不仅可以用来中和对方醋意,也可以用来表达自己的醋意。如果一方醋意萌生,另一方却装作视而不见,只会加重

改善气氛，幽默不是软弱

多数夫妻在成家之后，整天忙于工作和养家，日日奏响着锅碗瓢盆交响曲，不和谐与烦恼代替了享受生活的浪漫情怀。

你就是皇后，老婆，你是"垂帘听政"的皇后！

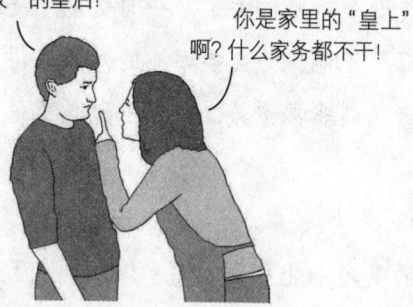

你是家里的"皇上"啊？什么家务都不干！

如果双方都互不相让，针尖对麦芒，那么距离家庭破裂的日子就为时不远了。为了避免这种家庭悲剧的发生，我们平时就要学会想方设法使家里充满更多的笑声，营造欢乐的家庭气氛。

虽说是紧了点，但充分显示了线条美。弹性面料的衣服就这样，只要自己不觉得难受就行。

那你看着难受吗？

就是看着难受也得怪服装设计师，这水平也太低了点。

自己的苦闷与烦恼。所以，聪明的男人女人总是能够运用幽默的智慧周旋于吃醋与被吃醋之间。

笑出甜蜜，幽默赢得幸福

硕士美女李芊要结婚了，一向交友广泛的她，在身边众多男子中选择了王旭作为交换婚戒的对象。得知这个消息后，她的几个闺蜜感到非常诧异，因为王旭既不是最帅的，也不是最有钱的。

"为什么是他？"

李芊的嘴角向上扬起，说："简单，因为他经常让我开心地笑。"

那些人缘很好的人，不管长相如何，都有一套逗人发笑的本领。只要一与这种人接近，就可以立即感受到一股快乐的气息，使人喜欢与他为友。一个整天板着面孔，不苟言笑的"老古板"，是绝对不会受到女孩子们欢迎的。

家庭之中夫妻争吵是普遍现象，怨怒之中如果即兴来一两句幽默开心的话，往往会使形势急转向好。人们常说"夫妻没有隔夜的仇"，更多的时候都是豁达的幽默消除了隔阂。

驾车外出途中，一对夫妻吵了一架，谁都不愿先开口说话。最后丈夫指着远处农庄中的一头驴说："你和它有亲属关系吗？"妻子答道："是的，夫妻关系。"

婚姻经营，互相"幽对方一默"

> 我们喜欢的东西一点儿也不一样，完全没有共同爱好。

> 你爱你自己，我也爱你，这得算是共同爱好吧！

婚姻是两个人的事，无论双方对生活的看法如何不同，美好的婚姻还是需要夫妻双方用心经营的，幽默则自然而然地成为经营婚姻的得力助手。

> 又没有烧水！你再如此懒惰，我就要发怒了！

> 你怒了之后呢？

> 我敢怒不敢言！

妻子："每次我唱歌的时候，你为什么总要到阳台上去？"
丈夫："我是想让大家都知道，不是我在打你。"

在新婚之夜，新郎问道："亲爱的，告诉我，在我之前，你有几个男朋友？"两人陷入沉默。"生气了？"新郎想，过了片刻又问，"你还在生气？""没有，我还在数呢！"

结婚多年，丈夫却时时需要提醒才能记起某些特殊的日子。在结婚35周年纪念日的早上，坐在桌前吃早餐的妻子暗示："亲爱的，你能想到我们每天坐的这两把椅子已经用了35年了吗？"丈夫放下报纸盯着妻子说："哦，你想换一把椅子吗？"

亨利的妻子临睡前絮絮叨叨的谈话令他十分不快。一天夜里，妻子又絮叨了一阵后，小声叮嘱亨利说："家里的门窗都关上了吗？"亨利回答："亲爱的，除了你的话匣子外，该关的都关了。"

以上五则故事中的夫妻幽默，均恰到好处地表达了自己怨而不怒的情绪。有丈夫对妻子缺点的抗议，也有妻子对丈夫多疑的抗议，但其幽默的回答均不至于使对方恼羞成怒，妻子用夫妻关系回敬丈夫也是一头"驴"，用数不完的情人来指责新郎的无端猜忌，丈夫用巧言指出妻子的絮叨，这些幽默的话语听上去自然天成，又诙谐动听。

总的来说，在两个人的世界里，幽默可以发挥令人意想不到的效果，它可以增进恋人之间的感情，调节家庭气氛，制造亲切感，它还可以消除疲劳和紧张感，使两个人都能够轻松、快乐地面对生活。

幽默贤妻，让婚姻长久温馨

萝丝在下班回家路上遇到一个许久未见的闺蜜，二人相谈甚欢。她临时决定与闺蜜一同去吃饭，想好好与她聊一聊。结果直到午夜，方才心满意足地回家。进了家门她才发现，老公准备了满满一桌的丰盛饭菜，等着她一同庆祝二人的结婚纪念日。

在这样一个重要的日子居然回来得那么晚，老公自然非常生气。一番唇枪舌剑，吵得不可开交，谁都认为自己有充分的理由，一时之间闹成了僵局。

萝丝突然感到，这样僵持下去只会让夫妻关系受到影响，而对已经发生了的事情来说毫无益处。于是她率先做出了让步，小声道歉："对不起，是我错了，因为我觉得跟你相处的每一天都是快乐的节日，以至于把今天给忽略了。"

听到刚才还在据理力争的妻子说出了这种话，老公愣了一下，满腔怒火顿时烟消云散，一把将萝丝揽进怀里："亲爱的，我做的也不对，不该冲你发火。这不过是一时的情绪而已，并没什么大不了。"

一场剑拔弩张的家庭战争，就这样完美地化作了云烟。

在这件事上，萝丝不一定就认为错误全在自己身上，但是她很快便认识到，夫妻间日常的拌嘴没有谁对谁错，就像是一场辩论，公说公有理，婆说婆有理，谁也没有办法说服对方。只有一方先找个巧妙的台阶，在口头上做出让步，才能在不伤害感情的情况下化干戈为玉帛，才能让夫妻关系变得更加和美。

　　一个聪明的妻子，懂得如何解决夫妻间的矛盾，懂得如何珍惜这一生一世的缘分。她明白，在夫妻之间争一口气并不会获得什么利益，女强人的形象应该表现在工作中而不是在家庭里。一个小小的幽默，对于老公来说，要远比连篇累牍的大道理具有力量。

心怀意见，用幽默委婉表达

　　当我们对亲人有一些意见或看法时，如果直言不讳，言辞激烈，则难免伤害对方。如果能将话语制成"幽默笑话"，对有缺点的一方进行善意的揶揄和有节制的讽刺，以幽默的方式提醒对方，那就既达到了批评对方的目的，又增加了生活中的趣味，既使对方心甘情愿地改正错误，也不会伤害感情。

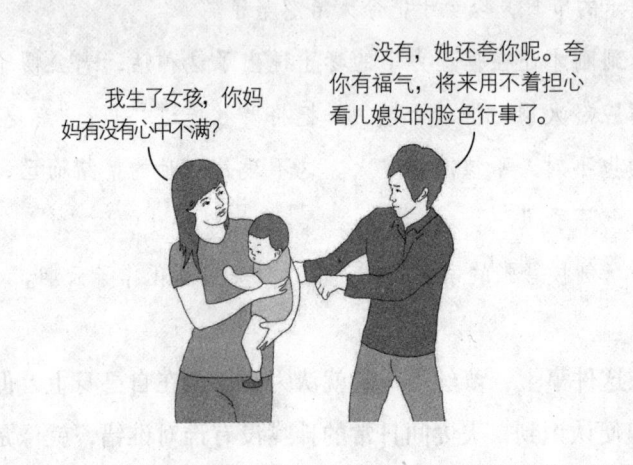

我生了女孩，你妈妈有没有心中不满？

没有，她还夸你呢。夸你有福气，将来用不着担心看儿媳妇的脸色行事了。

理性互补，欢声笑语才和谐

现实生活中，不少人把分手和离婚的理由归结为"性格不合"。其实所谓的"性格不合"完全可以巧妙地转化为配合默契的"互补式爱情（婚姻）"。正如人们常说的"该相似的地方相似，该互补的地方互补"。

通常情况下，互补可分为两种情况，一种是交往中的一方能满足另一方的某种需要，或者弥补某种短板，那么前者就会对后者产生吸引力。比如，依赖性强的人愿意和独立的人在一起生活等。另一种是因为对方的某一特点满足了你的理想，而增加了你对他（她）的喜欢程度。比如，一个看重学历的人，自己没有机会进入高等学府，往往希望对方能拿到高学历等。

丈夫下班回到家后，发现妻子还没有回家，但是这个时候的他已经很饿了。当妻子进门的时候，还没有喝口水休息一下，丈夫就急切地催促说："快点做饭啊，我的肚子都已经扁了好几个轮回了。"

妻子："好啊，你来帮我一起做吧，这样还能早点吃饭。"

丈夫沉下脸来说："我已经饿得连走路的力气都没有了，如果再不做饭，我可要去饭馆吃了。"

妻子："好吧，等我10分钟。"

丈夫以为妻子已经向自己妥协了，正要高兴呢，妻子突然说："10分钟的时间容我打扮打扮，咱们下馆子去吧。"

丈夫无奈，只好帮助下厨。但是在下厨的过程中，夫妻俩依旧有说有笑，他们在锅碗瓢盆的伴奏中，感受到了生活的快乐。

> **琐碎也幽默，让夫妻生活幸福**

平凡的生活可以有不平凡的人生，琐碎的家事可以有不琐碎的快乐，普通的夫妻也可以有不普通的幸福，幽默可以让普通的生活更幸福。

> 我觉得做男人真好，我要是个男人就好了。这个手镯真是特别好看。我要是男人，一定会买下来送给自己的老婆，她戴上一定会非常好看，一定很适合她。

正是因为妻子的幽默，让丈夫的"不情愿"发生了转变。幽默能够让夫妻一方拥有四两拨千斤的力量，能够给对方一个不得不去转变的理由。

妻子在很想出去逛街购物的时候，向丈夫暗示说："今年春天，不知又流行些什么时装，好想出去逛逛。"

丈夫幽默地回答："还是和往常一样，只有两种衣服，一种是你不满意的，另一种是我买不起的。"

妻子听到丈夫这么说，马上开心地笑了起来。

原来改变一个人的看法,只需要幽默的提示就可以轻松地让对方认同自己的观点。

图书在版编目（CIP）数据

幽默感：成为一个有魅力的人 / 金铁编著.
北京：中华工商联合出版社，2025.1. -- ISBN 978-7-5158-4192-2

Ⅰ. B83-49

中国国家版本馆CIP数据核字第20258XZ413号

幽默感：成为一个有魅力的人

编　　著：金　铁
出 品 人：刘　刚
责任编辑：吴建新
封面设计：冬　凡
责任审读：郭敬梅
责任印制：陈德松
出版发行：中华工商联合出版社有限责任公司
印　　刷：三河市燕春印务有限公司
版　　次：2025年1月第1版
印　　次：2025年2月第1次印刷
开　　本：880mm×1230mm　1/32
字　　数：129千字
印　　张：6.5
书　　号：ISBN 978-7-5158-4192-2
定　　价：35.00元

服务热线：010 — 58301130 — 0（前台）
销售热线：010 — 58301132（发行部）
　　　　　010 — 58302977（网络部）
　　　　　010 — 58302837（馆配部、新媒体部）
　　　　　010 — 58302813（团购部）
地址邮编：北京市西城区西环广场A座
　　　　　19 — 20层，100044
投稿热线：010 — 58302907（总编室）
投稿邮箱：1621239583@qq.com

工商联版图书
版权所有　侵权必究

凡本社图书出现印装质量问题，请与印务部联系。
联系电话：010—58302915